U0186059

超图解 秒懂数学

日本数学能力开发研究会/著　黄经良/译

一本可以从小学用到高中的万用趣味数学书！

深受日本青少年群体
欢迎的数学书！

日本独家授权
中文简体版

天津出版传媒集团

天津科学技术出版社

著作权合同登记号：图字 02-2020-59

Original Japanese title: OYAKO DE KANTAN ZUKAN SANSU·SUGAKU

© 2013 Sugaku noryoku kaihatsu kenkyukai

Original Japanese edition published by Gijutsu Hyoron Co., Ltd.

Simplified Chinese translation rights arranged with Gijutsu Hyoron Co., Ltd.

through The English Agency (Japan) Ltd. and jia-xi books co., ltd.

本书中文译文由汉湘文化事业股份有限公司授权使用

图书在版编目（CIP）数据

超图解秒懂数学 / 日本数学能力开发研究会著；黄

经良译 . –– 天津：天津科学技术出版社，2021.2

　ISBN 978-7-5576-8406-8

　Ⅰ . ①超… Ⅱ . ①日…②黄… Ⅲ . ①数学–普及读

物 Ⅳ . ①O1–49

　中国版本图书馆 CIP 数据核字（2020）第 119912 号

超图解秒懂数学

CHAO TUJIE MIAO DONG SHUXUE

责任编辑：胡艳杰

出　　　版：天津出版传媒集团
　　　　　　天津科学技术出版社

地　　　址：天津市西康路 35 号

邮　　　编：300051

电　　　话：(022) 23332695

网　　　址：www.tjkjcbs.com.cn

发　　　行：新华书店经销

印　　　刷：北京金特印刷有限责任公司

开本 787×1092　1/16　印张 12　字数 285 000

2021 年 2 月第 1 版第 1 次印刷

定价：69.80 元

前　言

营业额、成本率、请款单、生产日期……

商业世界里充满着各式各样的数字。日常生活中也是一样，每天都会看到日历、发票、存折等上面记满了数字的东西吧！

现在，信息技术日益发达，人们与大量数字接触的机会也越来越多，可以说数学的重要性也比以前高出许多。

然而，一听到数学就退避三舍，或认为它在实际生活中派不上用场而敬而远之的学生，恐怕也不在少数吧！排斥数学的人之所以会这么多，可能其中一个重要原因就是现代教学方式过度重视考试，缺乏对学生们数学思维能力的培养，导致大家对数学产生了"这个东西很难"的成见，实在令人无奈。

事实上，即使是对那些自认为在生活中不会用到数学知识的人而言，提升数学能力也绝对不是浪费时间。相反，提升数学能力还会对未来的生活有很大的帮助呢！

本书的目的是帮助不同年级的孩子复习一下以前在学校学过，但又在不知不觉中逐渐忘却的数学知识。并且，我们希望通过本书，引导他们综观数学世界的基本面貌。如果你是一位讨厌数学的人，那请你更要好好地阅读一下这本书。

如果本书能够激发起读者对数学的兴趣，那么对于作者而言将是莫大的荣幸和成就。

日本数学能力开发研究会

本书特点与使用方法

本书采用图解的形式对数学基础知识加以说明，图文并茂，适合各个年龄段的读者阅读。对于小学生来说，父母的辅导不仅能够提升孩子的成绩，而且能够加深亲子感情。因此，对于加法、减法、分数、小数等小学数学知识，本书运用全彩的数字、有趣的插图和例题，激发孩子的兴趣，让父母和孩子都能够快乐地沉浸在数学的世界中。而对于初高中生来说，想要取得好成绩，自学不可或缺，因此对于方程、函数、概率等初高中数学知识，本书利用简单的插图、生活化的例题、清晰的讲解，将这些知识变得一目了然、浅显易懂，非常有助于学生自学。

主题

主题就是本节要讲解的数学知识点。每节主题下面都会附有一段文字，对其进行简单介绍。

想要了解某个主题属于哪个年级的学习内容，可以查看下页哦!

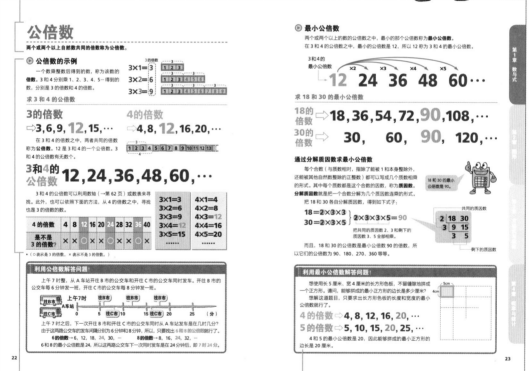

讲解

从基础的加减乘除运算，到复杂的微积分，书中对所有内容都做了简明扼要、浅显易懂的讲解。

专栏

该部分包含了讲解中没有涉及的知识、有趣的例题和解题思路，帮助读者进一步理解本节的知识点。

各年级学习内容与本书主题对照表

为了便于读者阅读和理解，本书采用全新的编排方式，将小学、初中和高中数学分为四章，这与现行的课程大纲有很大不同。想要了解本书各个主题属于哪个年级的课程内容，请参考下面的对照表。

	数与计算	量与计量	图形	数量关系
小学一年级	● 数（p.2~3） ● 加法（p.6） ● 减法（p.8）	● 计量单位 （p.18~19）	● 图形 （p.60~61）	
小学二年级	● 数（p.2~3） ● 加法（p.7） ● 减法（p.9） ● 乘法（p.10~11）	● 计量单位 （p.18~19）	● 直线与角 （p.62~63）	
小学三年级	● 乘法（p.12~13） ● 除法（p.14~15） ● 分数（p.26）	● 计量单位 （p.18~19） ● 面积单位 （p.20）	● 四边形（p.78~79） ● 四边形的面积（p.82）	
小学四年级	● 除法（p.16~17） ● 分数（p.27~28） ● 小数（p.32~33）	● 面积单位 （p.20）	● 直尺、三角板、圆规、量角器（p.64~67） ● 三角形（p.72~74）	
小学五年级	● 数（p.4~5） ● 公倍数 （p.22~23） ● 公约数 （p.24~25） ● 分数（p.29~30） ● 小数（p.34~35）	● 体积/容积单位 （p.21）	● 立体图形 （p.106~107） ● 三角形的面积 （p.76~77） ● 四边形的面积 （p.82~83） ● 立体图形的体积 （p.108）	

续表

	数与计算	量与计量	图形	数量关系
小学六年级	● 分数（p.31）	● 计量单位（p.18~19） ● 面积单位（p.20） ● 体积/容积单位（p.21）	● 轴对称图形与中心对称图形（p.84~85） ● 圆（p.98） ● 立体图形的体积（p.108~109）	● 比与比例（p.36~37） ● 百分率（p.40~41）
初中一年级	● 正数与负数（p.42~43） ● 代数式（p.124~126） ● 一元一次方程式（p.128~129）		● 作图（p.68~71） ● 立体图形（p.106~107） ● 立体图形的表面积（p.110~111）	● 比与比例（p.38~39） ● 函数（p.134~135） ● 统计（p.170~171）
初中二年级	● 代数式（p.124~126） ● 方程组（p.130~131） ● 不等式（p.146）		● 三角形（p.74~75） ● 四边形（p.80~81） ● 多边形（p.86~87） ● 三角形的全等(p.90~93)	● 一次函数与图像（p.136~139）
初中三年级	● 平方根（p.44~47） ● 代数式（p.127） ● 一元二次方程式（p.132~133）		● 勾股定理（p.88~89） ● 三角形的相似（p.94~97） ● 圆（p.100~101）	● 二次函数与图像（p.140） ● 概率（p.164~169）
高中	● 指数与对数（p.48~53） ● 数列（p.54~57） ● 不等式（p.146~149） ● 复数与复数平面（p.150~153） ● 微分（p.154~157） ● 积分（p.158~161）		● 三角函数（p.112~117） ● 向量（p.118~121）	● 二次函数与图像（p.141~145） ● 统计(p.170~173)

● 1 数与式　● 2 图形　● 3 方程式与函数　● 4 概率与统计

第3章 方程式与函数 ………… 123

第4章 概率与统计 …………… 163

数与式

第 **1** 章

"数字"是数学世界中所使用的文字,"式子"是使用数字和符号（"＋""－"等）来表述事实、规律、法则或原理的简便词句。利用式子,我们能够把长篇大论的叙述转化成简短的表达。本章为您整理并介绍数学世界中不可或缺的"数与式"。

数

数用来表示东西的个数、顺序、长度、质量、位置等。

▶ 数字是什么?

数字是表示数目的符号或文字。不管多大的数,都可以用 0、1、2、3、4、5、6、7、8、9 这 10 个数字来书写或进行计算。

各式各样的数 想想看,生活中有哪些事物是用数字来表示的?

汽车的车牌

AAA-1234

明信片

公交车站的时刻表

量杯

日历

交通标志

卷尺

硬币

阿拉伯数字	1	2	3	4
汉字数字(小写)	一	二	三	四
汉字数字(大写)	壹	贰	叁	肆

计算工具

算盘

上珠（1 个代表 5）

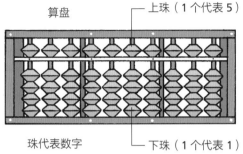

珠代表数字

下珠（1 个代表 1）

电子计算器

（桌面型电子计算器）

秤

地址

解放路205号

电梯按钮

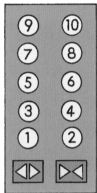

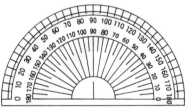
量角器

除了这些之外，还有什么东西含有数字呢？

含有什么样的数字？

明信片 ⇨ 邮编

日历 ⇨ 年、月、日

公交车站的时刻表 ⇨ 发车时刻

量杯 ⇨ 刻度

电子时钟

东京晴空塔

634 m

5	6	7	8	9	10
五	六	七	八	九	十
伍	陆	柒	捌	玖	拾

3

▶ 整数、自然数

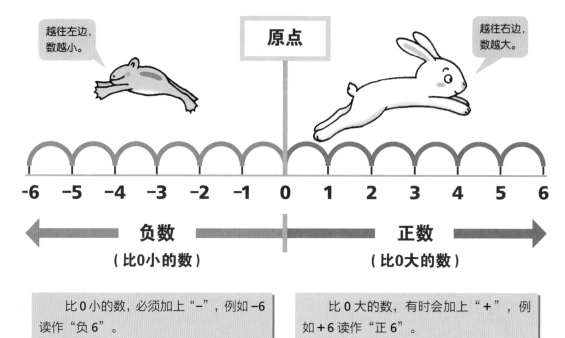

比0小的数，必须加上"−"，例如 −6 读作"负6"。

比0大的数，有时会加上"＋"，例如 ＋6 读作"正6"。

整数是负整数、0、正整数的合称。**自然数**是 0 和正整数的统称。0 既不是正整数，也不是负整数。

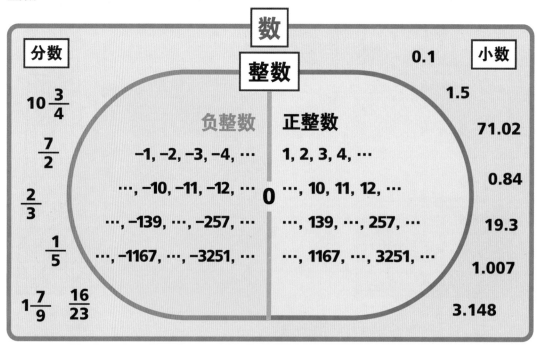

除了整数之外，还有分数、小数，等等哦！$\frac{1}{5}$、$\frac{2}{3}$、$1\frac{7}{9}$ 等称为分数，0.1、0.84、71.02 等称为小数。

▶ 偶数、奇数

| 可以被 2 整除 ——↑ 2 | ↑——无法被 2 整除 3 |

把整数用 2 去除，可以整除的数称为**偶数**，无法整除的数称为**奇数**。0 是偶数。

整数

奇数	偶数
1, 3, 5, 7, 9, …	0, 2, 4, 6, 8, …
…, 39, 41, 43, …	…, 30, 32, 34, …
…, 111, …, 205, …	…, 110, …, 206, …

▶ 质数

除了 1 和它本身外，不能被其他自然数整除的大于 1 的自然数，称为**质数**。

2 只能被 1 和 2 整除。

6 可以被 1、2、3、6 整除。

1	2	3	4	5	6	7	8	9	10
11	12	13	14	15	16	17	18	19	20

在左图中，■内的数是质数哦！

▶ 0是什么?

表示没有数。

2 个

0 个

采取位值记数法时，该位若没有数则记为 0。

千位	百位	十位	个位
1	5	0	7

表示有 1 个千，5 个百，7 个一。没有十，所以要在十位写上"0"哦！

表示测量数量时的基准。

测量长度时，物体的一端要对准 0。

0	0	0	0
千	百	十	个

大数的单位

1	0000	0000	0000	0000	0000	0000	0000	0000	0000	0000	0000	0000	0000	0000	0000	0000
无量数	不可思议	那由他	阿僧祇	恒河沙	极	载	正	涧	沟	穰	秭	垓	京	兆	亿	万

↰—— 读作"一无量数"。

加法

把两个数相加，求其总数，这种计算方法称为"加法"。
相加得到的答案称为"和"。

▶ 加法的式子

当我们在想"合在一起是多少""放在一块儿是多少"等问题的时候，要使用加法。

3个苹果　　　　2个苹果　　　　　　　　　5个苹果

和　　　　合起来是

式子 **3 + 2 = 5**

| 3 | 加 | 2 | 等于 | 5 |

- "+"是相加时使用的符号，称为"加号"。
- "="是表示相等的符号，称为"等号"。

▶ 进位加法

（一位数）+（一位数）=（大于10的数），像这种要往前进一位的加法运算，就是进位加法。

9 + 3 的计算方法

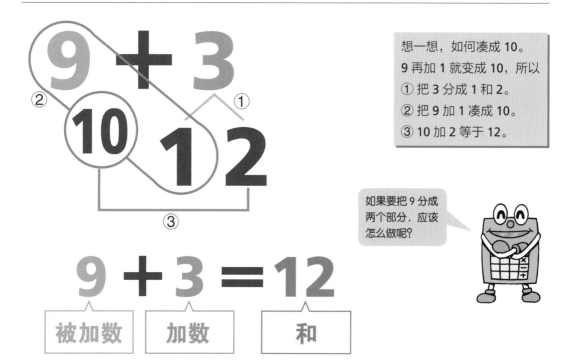

想一想，如何凑成10。
9再加1就变成10，所以
① 把3分成1和2。
② 把9加1凑成10。
③ 10加2等于12。

如果要把9分成两个部分，应该怎么做呢？

9 + 3 = 12

| 被加数 | 加数 | 和 |

计算需要进位的加法时，可以先设法把加数或被加数中的一个凑成10，然后再相加。
请想一想，如果想凑成10，要把加数和被加数中哪一个分成两个部分会比较好算呢？

▶ 加法的笔算

把被加数和加数上下排列成竖式，各数位的数对齐，再从个位开始依序计算。

将各数位相加的结果分别写在竖式下方，如果某数位的结果是两位数，就往前一数位进位。

没有进位的笔算

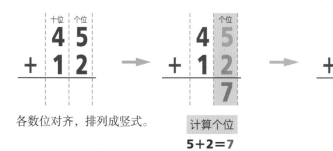

各数位对齐，排列成竖式。

计算个位
$5+2=7$

计算十位
$4+1=5$

只要把各数位的数分别相加就行了。

进位 1 次的笔算

各数位对齐，排列成竖式。

计算个位
$4+7=11$
往十位进 1。

计算十位
进位的 1 加上 3 和 5。
$1+3+5=9$

个位变成两位数，往前进一位。

进位 2 次的笔算

计算个位
$6+9=15$
往十位进 1。

计算十位
$1+8+3=12$
往百位进 1。

计算百位
在百位写 1。

进位到百位，变成三位数。

加法交换律

做加法时，把被加数和加数的位置互换，会得到相同的答案。

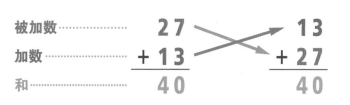

被加数 ……

加数 ……

和 ……

减法

从一个数中减去另一个数，求其剩下的数，这种计算方法称为"减法"。
相减得到的答案称为"差"。

▶ 减法的式子

当我们要解决"剩下多少""相差多少"等问题的时候，要使用减法。
减法的式子使用"–""＝"等符号来表示。

有6颗糖果　　　　　　　　　　　　　　　　4颗糖果

吃了2颗糖果　　　　剩下

式子　　**6 − 2 ＝ 4**

| 6 | 减 | 2 | 等于 | 4 |

- "–"是相减时使用的符号，称为"减号"。
- 减法要从大的数中减去小的数。

▶ 退位减法

（大于 10 的数）−（一位数）＝（一位数），像这种要往后退一位的减法运算，就是退位减法。

12 − 9 的计算方法

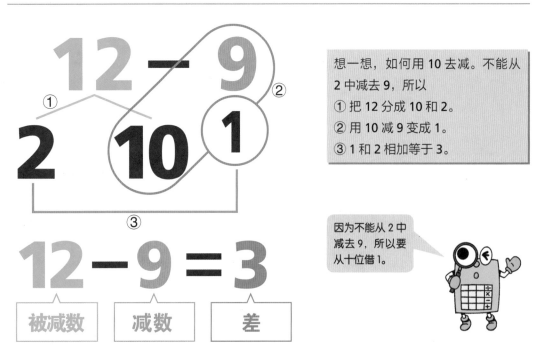

想一想，如何用 10 去减。不能从 2 中减去 9，所以
① 把 12 分成 10 和 2。
② 用 10 减 9 变成 1。
③ 1 和 2 相加等于 3。

因为不能从 2 中减去 9，所以要从十位借1。

12 − 9 ＝ 3

| 被减数 | 减数 | 差 |

把被减数分成 10 和另一个数，用 10 减去减数，得到的差再和另一个数相加。
还有一种方法，就是把减数分成两个部分，再用被减数分别去减。

▶ 减法的笔算

把被减数和减数上下排成竖式，各数位的数对齐，再从个位开始，依序往十位、百位计算。
将各数位相减的结果分别写在竖式下方，减不开的时候，从前一数位退（借）1。

没有退位的笔算

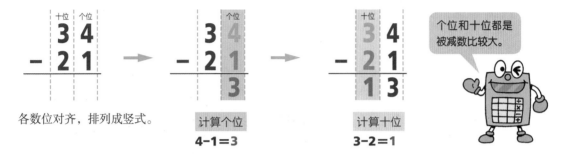

各数位对齐，排列成竖式。

计算个位
4-1=3

计算十位
3-2=1

个位和十位都是
被减数比较大。

退位 1 次的笔算

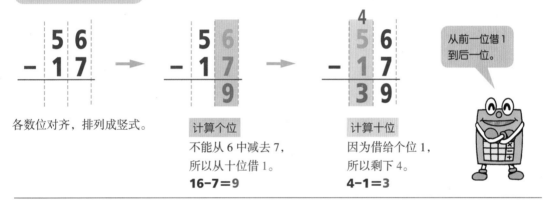

各数位对齐，排列成竖式。

计算个位
不能从 6 中减去 7，
所以从十位借 1。
16-7=9

计算十位
因为借给个位 1，
所以剩下 4。
4-1=3

从前一位借 1
到后一位。

退位 2 次的笔算

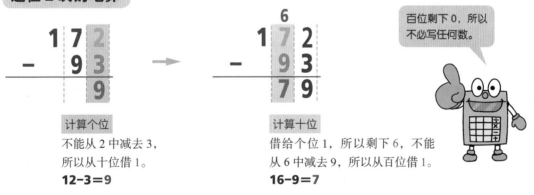

计算个位
不能从 2 中减去 3，
所以从十位借 1。
12-3=9

计算十位
借给个位 1，所以剩下 6，不能
从 6 中减去 9，所以从百位借 1。
16-9=7

百位剩下 0，所以
不必写任何数。

减法和加法的关系

差加上减数，就等于被减数。减法的答案可以用加法来验算。

被减数 ·········· 8 1   3 6
减数 ·········· − 4 5   + 4 5
差 ·········· 3 6   8 1

乘法

把几个相同的数加起来，求全部数的和的简便计算方法称为"乘法"。

相乘得到的结果称为"积"。

▶ 乘法的式子

使用乘法的符号"×"和"＝"，表示（一份的数）×（份数）＝（全部的数）。

5 个盘子总共装了几块蛋糕?

一个盘子装 2 块蛋糕，总共有 5 盘。

一个盘子 有2块 **5个盘子** 一共有 10块 。

一个盘子的数　　盘子数　　全部的数

式子 $2 \times 5 = 10$

2　乘　5　等于　10

把2相加
5次。

2×5 的答案也可以用加法求得:

$$2 \times 5 = 2 + 2 + 2 + 2 + 2 = 10$$

几份和几倍

5cm

7份

7 份 5cm 的长度，称为 5cm 的 7 倍长度。

5cm 的 7 倍是 5×7＝35，也就是 35cm。

→ 1 份、2 份、3 份……就是指 1 倍、2 倍、3 倍……

▶ 九九乘法表

乘数

	1	2	3	4	5	6	7	8	9
第1行 1	④1	2	3	4	5	6	7	8	9
第2行 2	2	④4	6	8	10	12	14	16	18
第3行 3	3	6	④9	12	15	18	21①	24	27
第4行 4	4	8	12	16	20	24	28	32	36
第5行 5	5	10	15	20	25	30	35	40	45
第6行 6	6	12	18	24	30	36	42	48	54
第7行 7	7	14	21①	28	35	42	49	56	63
第8行 8	8	16②	24	32	40	48	56	64	72
第9行 9	9	18	27	36	45	54	63	72	81

③（右侧）

被乘数（左侧）

⑤

第8行的乘积依次增加8。

九九乘法表的规律

① 被乘数和乘数交换位置，乘积不变。

被乘数　　　乘数　　　　被乘数　　　乘数

3×7＝7×3

② 乘数增加1，乘积会增加一个被乘数的份。

8×4比8×3多8。

> 除了这些之外，还有很多规律哦！

③ 把第2行的乘积和第4行的乘积加起来，等于第6行的乘积。

④ 像 1×1、2×2、3×3 这样，相同的数的积会排成一个斜列。

⑤ 第9行乘积的十位数和个位数之和都等于9。

▶ 使用九九乘法表做乘法

想一想，如何使用九九乘法表来进行 0 或 10 的乘法运算，以及几十、几百的乘法运算。

0 的乘法

任何数乘 0，积都是 0。

$$4 \times 0 = 0$$ ← 4×0 的积比 4×1 的积少 4。

0 乘任何数，积都是 0。

$$0 \times 9 = 0 \quad 0 \times 0 = 0$$

无论乘数是 0，还是被乘数是 0，乘积都一样是 0。

10 的乘法

$$6 \times 10 = 60$$ ← 6×10 的积比 6×9 的积多 6。

$$10 \times 6 = 6 \times 10$$ ← 把乘数和被乘数互换位置，乘积不变。

几十、几百的乘法

$$20 \times 4 = 80$$ ← 10 有（2×4）个。

$$300 \times 2 = 600$$ ← 100 有（3×2）个。

计算 12 × 5 的三种方法

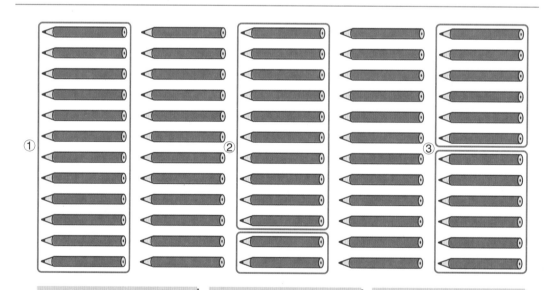

① 看成 5 份 12。
$12 \times 5 = 12 + 12 + 12 +$
$\qquad\qquad 12 + 12$
$\qquad = 60$

② 把 12 分成 10 和 2。
$12 \times 5 = \begin{cases} 10 \times 5 = 50 \\ 2 \times 5 = 10 \end{cases}$
$50 + 10 = 60$

③ 把 12 分成 6 和 6。
$12 \times 5 = \begin{cases} 6 \times 5 = 30 \\ 6 \times 5 = 30 \end{cases}$
$30 + 30 = 60$

不论用上面哪一种方法计算，**12 × 5 的积都是 60**。

▶ 乘法的笔算

对齐各数位的数，排列成竖式，从个位开始依序计算。

将各数位的计算结果分别写在竖式下方，如果某数位的结果变成两位数，就往前一数位进位。

（思路）

$$
\begin{array}{r}
43 \\
\times\ 2 \\
\hline
6 \quad \text{——} 3×2\\
80 \quad \text{——} 40×2\\
\hline
86
\end{array}
$$

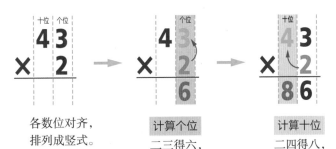

各数位对齐，
排列成竖式。

计算个位
二三得六，
在个位写 6。

计算十位
二四得八，
在十位写 8。

（思路）

$$
\begin{array}{r}
19 \\
\times\ 5 \\
\hline
45 \quad \text{——} 9×5\\
50 \quad \text{——} 10×5\\
\hline
95
\end{array}
$$

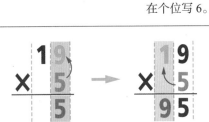

计算个位
五九四十五，
在个位写 5，
4 进到十位。

计算十位
五一得五，5 加上进
位的 4 得 9，在十位
写 9。

计算十位时，也要
用到加法。

（思路）

$$
\begin{array}{r}
62 \\
\times\ 7 \\
\hline
14 \quad \text{——} 2×7\\
420 \quad \text{——} 60×7\\
\hline
434
\end{array}
$$

计算个位
七二十四，
在个位写 4，
1 进到十位。

计算十位
七六四十二，42 加上进位
的 1 得 43，在十位写 3，
4 进到百位。

从十位进到百位。

（思路）

$$
\begin{array}{r}
431 \\
\times\ \ \ 3 \\
\hline
3 \quad \text{——} 1×3\\
90 \quad \text{——} 30×3\\
1200 \quad \text{——} 400×3\\
\hline
1293
\end{array}
$$

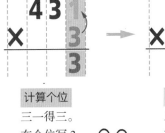

计算个位
三一得三。
在个位写 3。

计算十位
三三得九。
在十位写 9。

计算百位
三四十二，
在百位写 2，
1 进到千位。

虽然被乘数的位数变
多了，但笔算的方法
仍然相同。

第 1 章　数与式

第 2 章　图形

第 4 章　概率与统计

13

除法

把一个数分成几个相同的数，这种计算方法称为"除法"。除法的答案称为"商"。

▶ 除法的思考方法和式子

除法有两种思考方法：一种是把一个数平均分成几份，求均分后的一份是多少；另一种是把一个数分成若干份相同的数，求可以分成多少份。

无论哪一种，除法的式子都是使用符号"÷"和"＝"来表示。

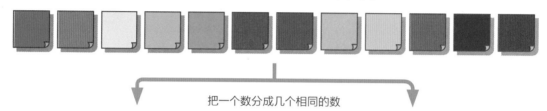

把一个数分成几个相同的数

求一个人可以分到几张	求可以分给几个人

12 张彩纸，
平均分给 3 个人，
每个人可以分到 4 张。

12 张彩纸，
每个人分 3 张，
可以分给 4 个人。

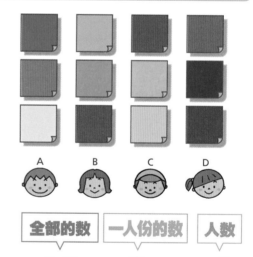

全部的数　人数　一人份的数

式子 **12 ÷ 3 ＝ 4**

12　除以　3　等于　4

全部的数　一人份的数　人数

式子 **12 ÷ 3 ＝ 4**

用乘法验算就是　一人份的数　×　人数　＝　全部的数

答案是在 □ ×3 = 12 的式子中，填入 □ 的数。　　答案是在 3× □ = 12 的式子中，填入 □ 内的数。

↳ **答案可以用九九乘法表的第 3 行求得。** ↵

▶ 有余数的除法

进行除法运算时，如果没有余数，就称为"整除"；如果有余数，就称为"不能整除"。
余数一定比除数小。

一年级有 23 个小朋友，每 4 个人坐一个车厢。
全部坐上去，需要几个车厢？

23 个小朋友

4 个座的车厢

把小朋友的人数"23"除以每个车厢可以坐的人数"4"。

$$23 \div 4 = 5 \text{ 余 } 3$$

余下的"3"人还需要一个车厢，所以

$$5 + 1 = 6$$

全部小朋友坐上车，总共需要 6 个车厢。

坐满 5 个车厢之后，还剩余 3 个小朋友，所以必须再加 1 个车厢。

利用余数解答问题！

林同学排在第 14 位。大家依次从前往后坐，他会坐在第几排椅子的哪个位置上？

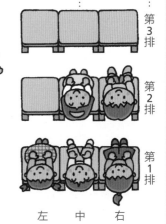

第 3 排

第 2 排

第 1 排

从第 1 位到第 14 位总共有 14 个人。

$$14 \div 3 = 4 \text{ 余 } 2$$ ◀—— 剩下 2 个人

坐满前 4 排椅子

剩下的 2 个人，从第 5 排椅子的右边依序坐下，所以林同学坐在第 5 排椅子的中间位置上。

左　中　右

第 1 章　数与式

第 2 章　图形

第 3 章　方程式与函数

第 4 章　概率与统计

▶ 除法的笔算

使用符号"厂"，从高位依序计算。

将各数位的计算结果写在竖式上方，计算过程全部写在下方。

除数为一位数的除法

（两位数）÷（一位数）的除法

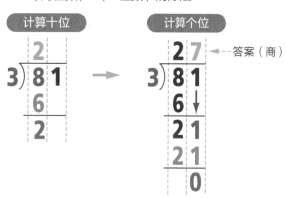

计算十位 → 计算个位

答案（商）

8÷3=2 余2
在十位 【写】 2。
3 和 2 【相乘】 得 6。
从 8 中 【减去】 6。

把 1 【降下】。
21÷3=7
在个位 【写】 7。
3 和 7 【相乘】 得 21。
从 21 中 【减去】 21。

除法的计算方法
① 从被除数的高位除起，除数有几位，就看被除数的前几位。如果"不够除"，就向后多看一位。
② 除到被除数的哪一位，就把商写在哪一位的上面。如果不够除，就在这一位上写 0。
③ 每次除得的余数必须比除数小，并在余数右边一位降下被除数在这一位上的数，再继续除。

除法的笔算按照上面的方法进行。注意，除数不能为 0。

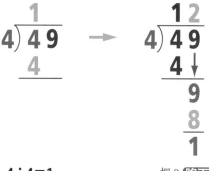

4÷4=1
4 和 1 【相乘】。

把 9 【降下】。
9÷4=2 余1

除法和乘法的关系

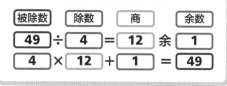

被除数	除数	商	余数

$$49 \div 4 = 12 \text{ 余 } 1$$
$$4 \times 12 + 1 = 49$$

验算除法的答案时，要使用乘法。

（三位数）÷（一位数）的除法

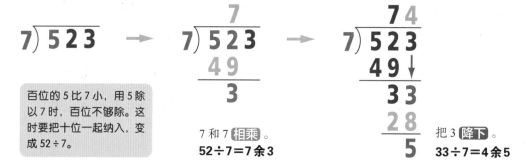

百位的 5 比 7 小，用 5 除以 7 时，百位不够除。这时要把十位一起纳入，变成 52÷7。

7 和 7 【相乘】。
52÷7=7 余3

把 3 【降下】。
33÷7=4 余5

除数为两位数的除法

（两位数）÷（两位数）的除法

$$31)\overline{93} \quad \rightarrow \quad 31)\overline{93} \atop \underline{93} \quad \rightarrow \quad 31)\overline{93} \atop \underline{93} \atop 0$$

9÷31，十位不够除，因此把个位也纳入，变成 93÷31。
先把 31 看成 30，93÷30，把 3 【写】在个位。

31 和 3 【相乘】。
31×3＝93

从 93 中【减去】93。
93－93＝0

（三位数）÷（两位数）的除法

$$24)\overline{518} \atop \underline{48} \atop 3 \quad \rightarrow \quad 24)\overline{518} \atop \underline{48}\downarrow \atop 38 \atop \underline{24} \atop 14$$

5÷24，百位不够除，因此把十位纳入，变成 51÷24。
先把 24 看成 20，变成 51÷20，把 2 【写】在十位。
24 和 2 【相乘】。
24×2＝48
从 51 中【减去】48。
51－48＝3

把 8【降下】。
变成 38÷24，把 1 写在个位。
24 和 1 【相乘】。**24×1＝24**
从 38 中【减去】24。**38－24＝14**
518÷24＝21 余 14

> 如果除数和被除数的个位数都是 0，则可以把除数和被除数个位的 0 分别消去，再进行计算，这样比较简单。

$$60)\overline{180}$$

↓把两数分别消去 1 个 0。

$$60)\overline{180} \atop \underline{18} \atop 0 \quad (=3)$$

$$42)\overline{357} \atop \underline{336} \atop 21 \quad \rightarrow \quad 42)\overline{357} \atop \underline{336} \atop 21 \quad (=8)$$

35÷42，十位不够除，因此把个位纳入，变成 357÷42。
先把 42 看成 40，变成 357÷40，把 8 【写】在个位。

42 和 8 【相乘】。
42×8＝336
从 357 中【减去】336。
357－336＝21
357÷42＝8 余 21

$$360)\overline{27000}$$

↓把两数分别消去 1 个 0。

$$360)\overline{27000} \atop \underline{252} \atop 180 \atop \underline{180} \atop 0 \quad (=75)$$

> 余数一定要比除数小。如果余数比除数大，就表示写在竖式上方的数太小了。

计量单位

计量单位是测量时间、质量、长度等基本量时当作基准的单位。以计量单位为基准，就能正确地计算各式各样的数量。

▶ 各种计量单位

时间	s（秒）、min（分）、h（时）、d（日）等
质量	g（克）、kg（千克）、t（吨）等
长度	cm（厘米）、m（米）、km（千米）等
面积	cm²（平方厘米）、m²（平方米）、km²（平方千米）等
体积/容积	cm³（立方厘米）、m³（立方米）、mL（毫升）、L（升）等

200mL

1L   **5**kg   **11**时**35**分

跑 50m 所花的时间   **8**s

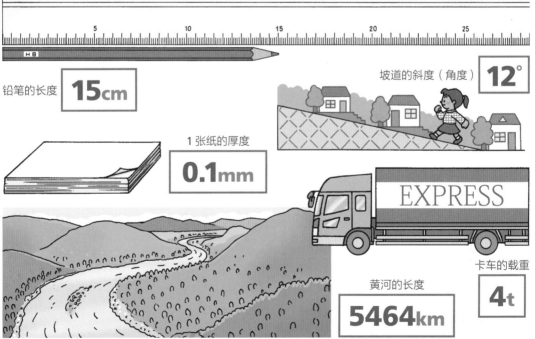

铅笔的长度 **15**cm

1 张纸的厚度 **0.1**mm

坡道的斜度（角度） **12**°

黄河的长度 **5464**km

卡车的载重 **4**t

▶ 速度、时间、路程

速度会依据时间单位的不同，而有下面不同的表示方式。

时速	用 1 个小时行进的路程来表示的速度
	时速 60km、60km/h、每小时 60km 等
分速	用 1 分钟行进的路程来表示的速度
	分速 150m、150m/min、每分钟 150m 等
秒速	用 1 秒钟行进的路程来表示的速度
	秒速 20m、20m/s、每秒钟 20m 等

一辆汽车花 4 小时行驶了 288km 的路程，它的速度是

速度 ＝ 路程 ÷ 时间

288÷4＝72，因此，**时速72km**
（72km/h）

以分速表示

1 小时 = 60 分钟，72km = 72000m

72000÷60＝1200，因此，**分速1200m**
（1200m/min）

以秒速表示

1 分钟 = 60 秒钟

1200÷60＝20，因此，**秒速20m**
（20m/s）

* 也可以用 km 单位表示成分速 1.2km。

一辆汽车花 15 分钟行驶了 20km，它的速度是

15分 ＝ $\frac{15}{60}$ 小时 → $\frac{1}{4}$ 小时

20÷$\frac{1}{4}$＝80，因此，**时速80km**
（80km/h）

1 小时 = 60 分钟，所以 15 分钟
可换算成 $\frac{15}{60}$ 小时。

根据速度、时间、路程之间的关系，
计算时间和路程的公式如下所示：

以分速 60m 走 1500m，所花的时间

时间 ＝ 路程 ÷ 速度

1500÷60＝25，因此是**25分钟**

汽车以秒速 3m 行驶 10 分钟，所走的路程

路程 ＝ 速度 × 时间

秒速 3m = 分速 180m ◀ 乘 60，改成分速
180×10＝1800，因此是**1800m**

面积单位

以长度单位 cm、m、km 等为基准，面积单位分别定为 cm²、m²、km² 等。

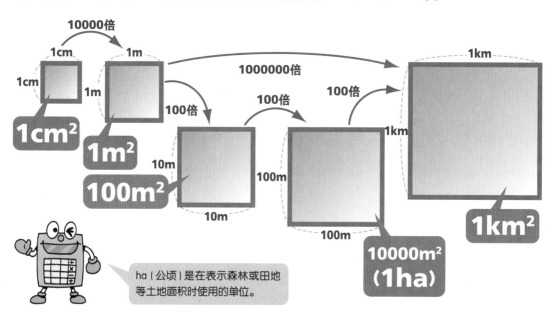

ha（公顷）是在表示森林或田地等土地面积时使用的单位。

正方形的边长	1cm	1m	10m	100m	1km
正方形的面积	1cm²	1m²	100m²	10000m²（1ha）	1km²

长 500m、宽 300m 的长方形土地的面积是多少公顷？

长方形的面积＝长×宽

500×300＝150000（m²）

10000m² = 1ha，所以

150000m²=15ha

也就是说，土地的面积是 15 公顷。

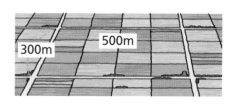

长度、质量的单位换算表

表示大小的名词	毫（m）	厘（c）	分（d）		十（da）	百（h）	千（k）
意义	$\frac{1}{1000}$倍	$\frac{1}{100}$倍	$\frac{1}{10}$倍	1	10 倍	100 倍	1000 倍
长度单位	mm	cm	（dm）	m	（dam）	（hm）	km
质量单位	mg	（cg）	（dg）	g	（dag）	（hg）	kg

*括号内的长度单位和质量单位很少使用。

体积/容积单位

体积/容积单位和面积单位一样，也是以长度单位为基准，分别定为 cm³、m³、L 等。

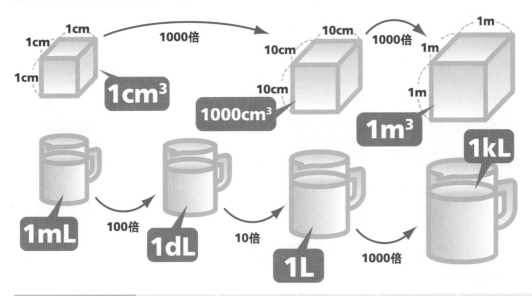

正方形的边长	1cm	–	–	10cm	1m
正方体的体积	1cm³ (1mL)	–	100cm³ (1dL)	1000cm³ (1L)	1m³ (1kL)

* 正方体（→第 106 页）

右边奶酪的体积是多少？

圆柱体的体积＝底面积×高

这块奶酪的形状为圆柱体（→第 61 页）

底面积是 $3 \times 3 \times 3.14 = 28.26 (cm^2)$

根据公式，体积是

$28.26 \times 2 = 56.52 (cm^3)$

也就是说，这块奶酪的体积大约是 56.52cm³。

* 圆周率取 3.14 进行计算。

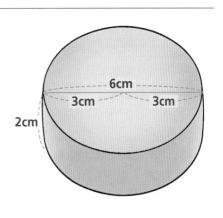

▶ 质量单位和体积单位的关系

1L（1000cm³）水的质量是 1kg。水的体积和质量具有以下关系。

体积 （容积）	1cm³ (1mL)	100cm³ (1dL)	1000cm³ (1L)	1m³ (1kL)
相同体积的水的质量	1g	100g	1kg	1000kg (1t)

公倍数

两个或两个以上自然数共同的倍数称为公倍数。

▶ 公倍数的示例

一个数乘整数后得到的数，称为该数的**倍数**。3 和 4 分别乘 1、2、3、4、5…得到的数，分别是 3 的倍数和 4 的倍数。

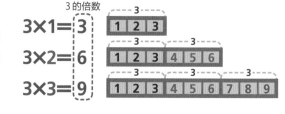

$$3×1=3$$
$$3×2=6$$
$$3×3=9$$

求 3 和 4 的公倍数

3的倍数
$$⇨3,6,9,\mathbf{12},15,\cdots$$

4的倍数
$$⇨4,8,\mathbf{12},16,20,\cdots$$

在 3 和 4 的倍数之中，两者共同的倍数称为**公倍数**。12 是 3 和 4 的一个公倍数。3 和 4 的公倍数有无数个。

3和4的公倍数 $$12,24,36,48,60,\cdots$$

3 和 4 的公倍数可以利用数轴（→第 62 页）或数表来寻找。此外，也可以依照下面的方法，从 4 的倍数之中，寻找也是 3 的倍数的数。

4 的倍数	4	8	12	16	20	24	28	32	36	40
是不是 3 的倍数？	×	×	○	×	×	○	×	×	○	×

3×1=3	4×1=4
3×2=6	4×2=8
3×3=9	4×3=12
3×4=12	4×4=16
3×5=15	4×5=20
……	……

*（○表示是 3 的倍数，×表示不是 3 的倍数。）

利用公倍数解答问题！

上午 7 时整，从 A 车站开往 B 市的公交车和开往 C 市的公交车同时发车。开往 B 市的公交车每 6 分钟发一班，开往 C 市的公交车每 8 分钟发一班。

上午 7 时之后，下一次开往 B 市和开往 C 市的公交车同时从 A 车站发车是在几时几分？
由于这两路公交车的发车间隔分别为 6 分钟和 8 分钟，所以，只要找出 **6 和 8 的公倍数**就行了。

6 的倍数→6, 12, 18, **24**, 30, …　　8 的倍数→8, 16, **24**, 32, …

6 和 8 的最小公倍数是 24，所以这两路公交车下一次同时发车是在 24 分钟后，即 **7 时 24 分**。

▶ 最小公倍数

两个或两个以上的数的公倍数之中，最小的那个公倍数称为**最小公倍数**。

在 3 和 4 的公倍数之中，最小的公倍数是 12，所以 12 称为 3 和 4 的最小公倍数。

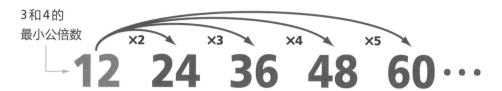

3和4的
最小公倍数

×2   ×3   ×4   ×5

12 24 36 48 60 ⋯

求 18 和 30 的最小公倍数

18的
倍数 ⟹ **18, 36, 54, 72, 90, 108,** ⋯

30的
倍数 ⟹ **30,   60,   90,   120,** ⋯

通过分解质因数求最小公倍数

每个合数（与质数相对，指除了能被 1 和本身整除外，还能被其他自然数整除的正整数）都可以写成几个质数相乘的形式。其中每个质数都是这个合数的因数，称为**质因数**。**分解质因数**就是把一个合数分解为几个质因数连乘的形式。

18 和 30 的最小
公倍数是 90。

把 18 和 30 各自分解质因数，得到如下式子：

$$18 = 2 \times 3 \times 3$$
$$30 = 2 \times 3 \times 5$$

$2 \times 3 \times 3 \times 5 = 90$

把共同的质因数 2、3 和剩下的
质因数 3、5 全部相乘。

共同的质因数

2	18	30
3	9	15
	3	5

剩下的质因数

而且，18 和 30 的公倍数是最小公倍数 90 的倍数，所以它们的公倍数为 90、180、270、360 等等。

利用最小公倍数解答问题！

想使用长 5 厘米、宽 4 厘米的长方形色板，不留缝隙地拼成一个正方形。请问，能够拼成的最小正方形的边长是多少厘米？

想解这道题目，只要求出长方形色板的长度和宽度的最小公倍数就行了。

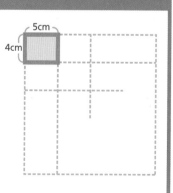

5cm

4cm

4 的倍数 ⟹ **4, 8, 12, 16, 20,** ⋯
5 的倍数 ⟹ **5, 10, 15, 20, 25,** ⋯

4 和 5 的最小公倍数是 20，因此能够拼成的最小正方形的边长是 20 厘米。

第1章 数与式

第2章 图形

第3章 方程式与函数

第4章 概率与统计

23

公约数

两个或两个以上的数的所有共同约数，都称为它们的**公约数**。

▶ 公约数的示例

可以把一个数整除的整数，称为该数的**约数**。例如，12 和 18 的约数分别如下：

$12 \div 1 = 12$	$18 \div 1 = 18$
$12 \div 2 = 6$	$18 \div 2 = 9$
$12 \div 3 = 4$	$18 \div 3 = 6$
$12 \div 4 = 3$	$18 \div 6 = 3$
$12 \div 6 = 2$	$18 \div 9 = 2$
$12 \div 12 = 1$	$18 \div 18 = 1$

12 的约数 ⇨ 1, 2, 3, 4, 6, 12

18 的约数 ⇨ 1, 2, 3, 6, 9, 18

从 12 和 18 各自的约数来思考，也可以说 12 是 1、2、3、4、6、12 的倍数，18 是 1、2、3、6、9、18 的倍数。

在 12 和 18 的约数之中，两者共同的约数称为 12 和 18 的**公约数**。

12 和 18 的公约数 ⇨ 1, 2, 3, 6

12 和 18 的公约数可以利用数轴（→第 62 页）或数表来寻找。此外，也可以依照下面的方法，从 12 的约数之中，寻找也是 18 的约数的数。

12 的约数	1	2	3	4	6	12
是不是 18 的约数?	○	○	○	×	○	×

公约数是两个数的共同约数，所以从较小数的约数中寻找。

*（○表示是 18 的约数，× 表示不是 18 的约数。）

利用公约数解答问题!

把 36 枝黄花和 54 枝红花混在一起，做成不少于两束的花束。每束花中黄花的枝数要相同，红花的枝数也要相同，而且所有的黄花和红花都要用完。请问可以做成多少束花?

把黄花和红花各自分成相同的枝数，都没有剩下，因此要利用各自的约数。也就是说，花束的数量是 **36 和 54 的公约数**。36 和 54 的公约数有 **1、2、3、6、9、18**。因为不少于两束，所以，可以做成的花束数量为 **2 束、3 束、6 束、9 束、18 束**。

▶ 最大公约数

两个或两个以上的数的公约数之中，最大的那个公约数称为**最大公约数**。

12 和 18 的公约数之中，最大的公约数是 6。6 称为 12 和 18 的最大公约数。

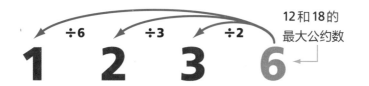

12 和 18 的
最大公约数

> 5 的约数有 1 和 5。
> 7 的约数有 1 和 7。
> 像 5、7 这样，只有 1 和本身这两个约数的自然数，称为质数（→第 5 页）。

求 28 和 42 的最大公约数

通过分解质因数求最大公约数

**28的
约数** ⇒ **1, 2,　4,　7, 14,　28**

**42的
约数** ⇒ **1, 2, 3,　6, 7, 14, 21, 42**

28 和 42 的公约数 ⟶ 28 和 42 的最大公约数是 14

依照下面的方法，把 28 和 42 分别分解质因数。

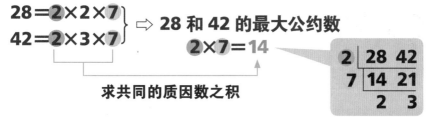

$28 = 2 \times 2 \times 7$
$42 = 2 \times 3 \times 7$ ⟹ **28 和 42 的最大公约数**
$2 \times 7 = 14$

求共同的质因数之积

```
2 | 28  42
7 | 14  21
      2   3
```

而且，28 和 42 的公约数是其最大公约数 14 的约数，所以 28 和 42 的公约数是 1、2、7、14。

利用最大公约数解答问题！

要把右边的纸裁成大小相同的正方形，且没有剩余，求能够裁成的最大正方形的边长是多少厘米？

利用长方形的长度和宽度的最大公约数来求：

30 的约数 ⇨ **1, 2, 3, 5, ⑥, 10, 15, 30**

48 的约数 ⇨ **1, 2, 3, 4, ⑥, 8, 12, 16,
24, 48**

30 和 48 的最大公约数是 6，所以最大正方形的边长是 6 厘米。

分数

分数是用来表示一个单位的几分之几的数。

把全体当作一个单位，再把它等分成若干份，则用来表示其中一份或几份的数，称为**分数**。

写在分数线下方的数称为**分母**，表示全体等分成几份。写在分数线上方的数称为**分子**，表示全体之中的几份。

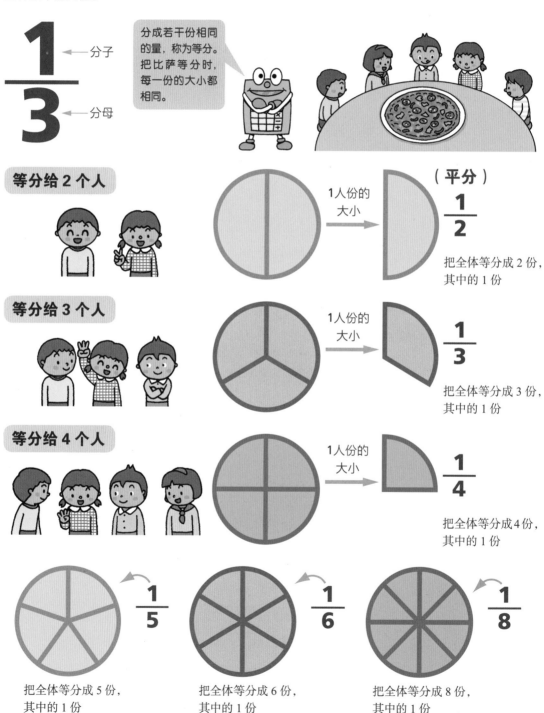

$\dfrac{1}{3}$ ← 分子 ← 分母

分成若干份相同的量，称为等分。把比萨等分时，每一份的大小都相同。

等分给 2 个人

1人份的大小 → 〔平分〕 $\dfrac{1}{2}$

把全体等分成 2 份，其中的 1 份

等分给 3 个人

1人份的大小 → $\dfrac{1}{3}$

把全体等分成 3 份，其中的 1 份

等分给 4 个人

1人份的大小 → $\dfrac{1}{4}$

把全体等分成 4 份，其中的 1 份

$\dfrac{1}{5}$

把全体等分成 5 份，其中的 1 份

$\dfrac{1}{6}$

把全体等分成 6 份，其中的 1 份

$\dfrac{1}{8}$

把全体等分成 8 份，其中的 1 份

▶ 各种分数

真分数

如 $\frac{2}{3}$、$\frac{3}{4}$、$\frac{4}{5}$，分子比分母小的分数。

假分数

如 $\frac{3}{3}$、$\frac{5}{4}$、$\frac{12}{5}$，分子等于或大于分母的分数。

带分数

如 $1\frac{2}{3}$、$2\frac{1}{4}$，用整数和真分数的和来表示的分数。

$\dfrac{3}{4}$ 分子＜分母，分数小于1。

$\dfrac{5}{4}$ 分子＝分母或分子＞分母，分数等于1或大于1。

$1\dfrac{2}{5}$ 整数＋真分数，分数大于1。

▶ 分数大小的表示方法

$\frac{2}{3}$ 表示 2 份 $\frac{1}{3}$，$\frac{5}{4}$ 表示 5 份 $\frac{1}{4}$，$1\frac{2}{5}$ 表示 1 加 2 份 $\frac{1}{5}$（$1=\frac{5}{5}$，所以 $1\frac{2}{5}$ 表示 7 份 $\frac{1}{5}$）。

$\frac{2}{3}$、$\frac{5}{4}$、$1\frac{2}{5}$ 分别以 $\frac{1}{3}$、$\frac{1}{4}$、$\frac{1}{5}$ 为单位，而以它的几份来表示大小。

分子为 1 的分数称为**单位分数**；分母的数字越大，分数本身越小。

$$\frac{1}{2} > \frac{1}{3} > \frac{1}{4} > \frac{1}{5} > \frac{1}{6} > \frac{1}{7} > \frac{1}{8} > \frac{1}{9}$$

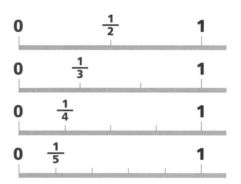

▶ 假分数与带分数的转换方法

假分数转换成带分数

用分子除以分母，就可以把假分数转换成带分数。

除后的余数是分子。

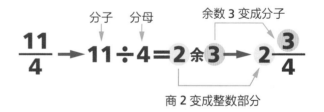

$$\frac{11}{4} \rightarrow 11 \div 4 = 2 \text{ 余 } 3 \rightarrow 2\frac{3}{4}$$

分子　分母　余数 3 变成分子

商 2 变成整数部分

带分数转换成假分数

把分母和带分数的整数部分相乘，再把得到的数加上分子，就可以将带分数转换成假分数。

分子是
$5 \times 3 + 2 = 17$

3 表示有 3 份 $\frac{5}{5}$，等于 $\frac{15}{5}$

$$3\frac{2}{5} \rightarrow \frac{5 \times 3 + 2}{5} \rightarrow \frac{17}{5}$$

$3\frac{2}{5}$ 表示 $\frac{15}{5}$ 和 $\frac{2}{5}$ 相加得到的数

▶ 相等的分数

分数具有一个性质，即把分子和分母同时乘或同时除以相同的数（0 除外），分数的大小并不会改变。利用这个性质，每个分数都可以变成无数个大小与之相等的分数。

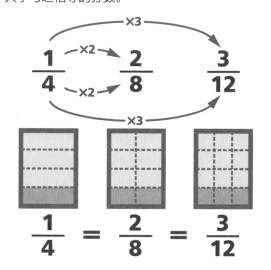

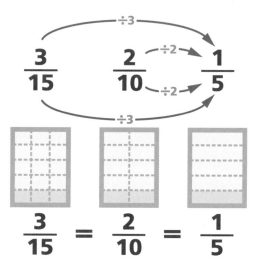

$$\frac{1}{4} = \frac{2}{8} = \frac{3}{12}$$

$$\frac{3}{15} = \frac{2}{10} = \frac{1}{5}$$

▶ 约分

将分数的分母和分子同时除以它们的公约数，简化成分母较小的分数，称为**约分**。

当一个分数的分母和分子比较大时，就不容易看出它的大小，所以如果能约分的话，就把它约分，这样会更容易了解它的大小。

利用分子和分母的最大公约数做约分

下面这个分数进行两次约分，第一次分子和分母同时除以 2，第二次同时除以 3。

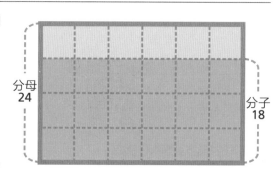

18 的约数 ⇨ **1, 2, 3, 6, 9, 18**
24 的约数 ⇨ **1, 2, 3, 4, 6, 8, 12, 24**
18 和 24 的公约数 ⇨ **2, 3, 6**

2 和 3 都是 18 和 24 的公约数，但若利用 18 和 24 的最大公约数，只要进行一次约分即可。

$$\frac{18}{24} \overset{\div 6}{\underset{\div 6}{=}} \frac{3}{4}$$

利用 18 和 24 的最大公约数 6 去除，只需进行一次约分。

约分时，通常会尽量使分母变小。

▶ 通分

把几个分母不同的分数变成与原来分数相等且具有相同分母的分数的过程，称为**通分**。这个相同的分母称为**公分母**。通分成公分母之后，就可以依照分子的大小比较各个分数的大小。

比较 $\frac{3}{4}$ 和 $\frac{5}{6}$ 的大小

把它们各自转化成大小相等的分数，再从其中找出分母相同的分数。

和 $\frac{3}{4}$ 相等的分数有 $\frac{6}{8}$，$\frac{9}{12}$，$\frac{12}{16}$，$\frac{15}{20}$，$\frac{18}{24}$，$\frac{21}{28}$，$\frac{24}{32}$，$\frac{27}{36}$，… ← 分母为 4 的倍数

和 $\frac{5}{6}$ 相等的分数有 $\frac{10}{12}$，$\frac{15}{18}$，$\frac{20}{24}$，$\frac{25}{30}$，$\frac{30}{36}$，$\frac{35}{42}$，… ← 分母为 6 的倍数

利用分母相同的分数，比较 $\frac{3}{4}$ 和 $\frac{5}{6}$ 的大小。

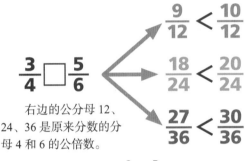

$$\frac{3}{4} \square \frac{5}{6}$$

$$\frac{9}{12} < \frac{10}{12}$$

$$\frac{18}{24} < \frac{20}{24}$$

$$\frac{27}{36} < \frac{30}{36}$$

右边的公分母 12、24、36 是原来分数的分母 4 和 6 的公倍数。

公分母是 4 和 6 的公倍数。把它们转换成分母相同的分数，就可以通过分子来比较大小。分母相同时，分子越小，分数越小。

经过上面的比较，可知 $\frac{3}{4} < \frac{5}{6}$。

对几个分数进行通分时，先找出分母的公倍数，再把各个分数变成以它为公分母的分数。 ▶ 通分时，通常是以各个分母的最小公倍数作为公分母。

把 $\frac{3}{4}$、$\frac{3}{5}$、$\frac{7}{10}$ 通分，再比较它们的大小

4 的倍数 ⇨ 4, 8, 12, 16, 20, 24, 28, 32, 36, 40, …
5 的倍数 ⇨ 5, 10, 15, 20, 25, 30, 35, 40, 45, …
10 的倍数 ⇨ 10, 20, 30, 40, 50, 60, 70, 80, …

分母 4、5、10 的公倍数是 **20, 40, …**

$$\frac{3}{4} \underset{\times 5}{\overset{\times 5}{=}} \frac{15}{20} \qquad \frac{3}{5} \underset{\times 4}{\overset{\times 4}{=}} \frac{12}{20} \qquad \frac{7}{10} \underset{\times 2}{\overset{\times 2}{=}} \frac{14}{20}$$

$$\frac{12}{20} < \frac{14}{20} < \frac{15}{20}$$，也就是说，$$\frac{3}{5} < \frac{7}{10} < \frac{3}{4}$$

通分时，以最小公倍数 20 作为公分母就行了。

▶ 分数的计算

和整数一样，分数也可以进行加减乘除四则运算。

分数的加法

● **同分母分数的加法**

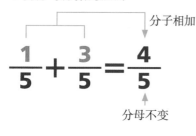

$$\frac{1}{5}+\frac{3}{5}=\frac{4}{5}$$

分子相加

分母不变

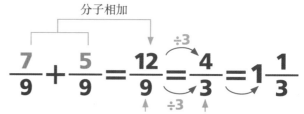

$$\frac{7}{9}+\frac{5}{9}=\frac{12}{9}=\frac{4}{3}=1\frac{1}{3}$$

分子相加

可以约分时，要先约分，再写答案。

可以把假分数变成带分数。

● **异分母分数的加法**

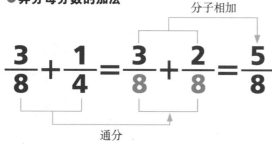

$$\frac{3}{8}+\frac{1}{4}=\frac{3}{8}+\frac{2}{8}=\frac{5}{8}$$

分子相加

通分

> 异分母分数不能直接相加，必须先通分再计算。
> 8 和 4 的最小公倍数是 8。所以，把公分母定为 8。
> $$\frac{1\times2}{4\times2}=\frac{2}{8}$$

$$2\frac{1}{3}+\frac{2}{5}=\frac{7}{3}+\frac{2}{5}=\frac{35}{15}+\frac{6}{15}=\frac{41}{15}=2\frac{11}{15}$$

把带分数变成假分数。

通分

把假分数变成带分数。

> 也可以把 $2\frac{1}{3}$ 变成 $2\frac{5}{15}$ 再进行计算。

分数的减法

● **同分母分数的减法**

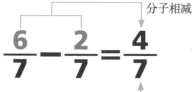

$$\frac{6}{7}-\frac{2}{7}=\frac{4}{7}$$

分子相减

分母不变

$$1\frac{4}{9}-\frac{8}{9}=\frac{13}{9}-\frac{8}{9}=\frac{5}{9}$$

分子相减

变成假分数

> 也可以把 $2\frac{2}{5}$ 变成 $1\frac{7}{5}$，通分后变成 $1\frac{28}{20}$，再进行计算。

● **异分母分数的减法**

$$2\frac{2}{5}-\frac{3}{4}=\frac{12}{5}-\frac{3}{4}=\frac{48}{20}-\frac{15}{20}=\frac{33}{20}=1\frac{13}{20}$$

分子相减

变成假分数

通分

变成带分数

分数的乘法

●分数乘整数的计算

分子与整数相乘

$$\frac{2}{7} \times 3 = \frac{2 \times 3}{7} = \frac{6}{7}$$

（分母不变）

也可以想成 $\frac{2}{7} + \frac{2}{7} + \frac{2}{7} = \frac{6}{7}$

$$\frac{3}{8} \times 2 = \frac{3 \times \overset{1}{2}}{\underset{4}{8}} = \frac{3}{4}$$

在计算过程中，可以约分时，先约分再计算，这样会变得比较简单。

●分数乘分数的计算

分子相乘

$$\frac{4}{5} \times \frac{2}{3} = \frac{4 \times 2}{5 \times 3} = \frac{8}{15}$$

分母相乘

$$\frac{10}{9} \times \frac{3}{5} = \frac{\overset{2}{10} \times \overset{1}{3}}{\underset{3}{9} \times \underset{1}{5}} = \frac{2}{3}$$

把 9 和 3、5 和 10 分别约分。

●带分数的乘法

$$2\frac{1}{4} \times \frac{5}{6} = \frac{9}{4} \times \frac{5}{6} = \frac{\overset{3}{9} \times 5}{4 \times \underset{2}{6}} = \frac{15}{8} = 1\frac{7}{8}$$

把带分数变成假分数，再依照分数乘分数的方法计算。

分数的除法

●分数除以整数的计算

$$\frac{6}{7} \div 3 = \frac{\overset{2}{6}}{7 \times \underset{1}{3}} = \frac{2}{7}$$

分母乘整数

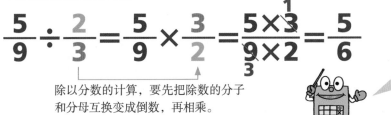

●分数除以分数的计算

$$\frac{5}{9} \div \frac{2}{3} = \frac{5}{9} \times \frac{3}{2} = \frac{5 \times \overset{1}{3}}{\underset{3}{9} \times 2} = \frac{5}{6}$$

除以分数的计算，要先把除数的分子和分母互换变成倒数，再相乘。

将被除数和除数分别乘 $\frac{3}{2}$ 的倒数 $\frac{3}{2}$，使除数变成1，除法就会变成乘法。

$\left(\frac{5}{9} \times \frac{3}{2}\right) \div \left(\frac{2}{3} \times \frac{3}{2}\right)$
$= \frac{5}{9} \times \frac{3}{2} \div 1 = \frac{5}{9} \times \frac{3}{2}$

●带分数的除法

把带分数变成假分数，再按照分数除以分数的方法计算。

小数

以十进制表示的数之中，有些数包含了小于1而大于0的部分，这样的数称为小数。

▶ 小数

　　小数由整数部分、小数部分和小数点组成。小数点的左边是整数部分，右边是小数部分。小数点右边第 1 位的计数单位是 $\frac{1}{10}$，称为十分位；右边第 2 位的计数单位是 $\frac{1}{100}$，称为百分位；右边第 3 位的计数单位是 $\frac{1}{1000}$，称为千分位，以此类推。

马拉松的标准赛程

*十分位也称为小数第一位
百分位也称为小数第二位
千分位也称为小数第三位

小数的结构

　　从个位往右边退一位，会变成 $\frac{1}{10}$。往右边退两位，会变成 $\frac{1}{100}$。

1 的 $\frac{1}{10}$ ……… 0.1
0.1 的 $\frac{1}{10}$ ……… 0.01
0.01 的 $\frac{1}{10}$ ……… 0.001

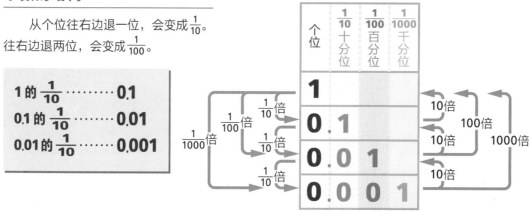

有限小数和无限小数

　　当把 $\frac{3}{8}$ 改用小数来表示时，$3 \div 8 = 0.375$，因为能够除尽，所以它可以用写到千分位的小数进行表示，像这样的小数称为**有限小数**。当把 $\frac{4}{7}$ 改用小数来表示时，$4 \div 7 = 0.57142857\cdots$，由于不能除尽，所以它就变成无限延续下去的小数，像这样的小数称为**无限小数**。在无限小数之中，有些小数在某位以下会循环出现固定的数字，这种小数称为无限循环小数。通常在循环出现的小数部分的首尾数字上方分别加一个点来表示，例如：$\frac{2}{3} = 0.6666\cdots$，记成 $0.\dot{6}$；$\frac{6}{11} = 0.5454\cdots$，记成 $0.\dot{5}\dot{4}$。

　　$\sqrt{2}$ 或 $\sqrt{5}$ 之类既不是整数也不是分数的数，称为**无理数**（→第 45 页）。如果把无理数改用小数来表示，就会成为无限不循环小数。例如：$\sqrt{2} = 1.4142135\cdots$。

*圆周率也是无限不循环小数。圆周率（π）$=3.14159265358979323846264338327950288\cdots$

▶ 小数的计算方法

小数可以按照整数的计算方法进行计算。

不过，在写和、差、积、商等答案时必须注意小数点的位置。

小数的加法

● 两位小数的加法

● 含有三位小数且计算结果小于 1 的加法

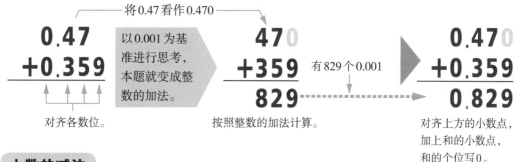

小数的减法

● 含有两位小数的减法

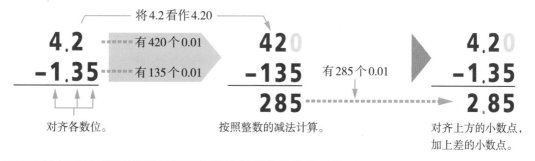

● 整数和小数的减法

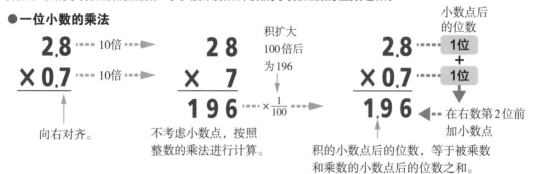

小数的乘法

计算小数的乘法时，先不考虑小数点，按照整数的乘法运算方法进行计算后，再给积加上小数点。积的小数点后的位数，等于被乘数和乘数的小数点后的位数之和。

● 一位小数的乘法

$$
\begin{array}{r} 2.8 \\ \times\, 0.7 \end{array}
$$

2.8 ·····10倍·····▶
×0.7 ·····10倍·····▶

向右对齐。

$$
\begin{array}{r} 28 \\ \times\;\;\; 7 \\ \hline 196 \end{array}
$$

不考虑小数点，按照整数的乘法进行计算。

积扩大100倍后为196

$196 \cdots \times \frac{1}{100} \Longrightarrow$

$$
\begin{array}{r} 2.8 \\ \times\, 0.7 \\ \hline 1.96 \end{array}
$$

积的小数点后的位数，等于被乘数和乘数的小数点后的位数之和。

小数点后的位数
2.8 ····· 1位
＋
×0.7 ····· 1位
↓
在右数第2位前加小数点

● 含有两位小数的乘法①

$$
\begin{array}{r} 2.16 \\ \times\;\; 3.4 \end{array}
$$

2.16 ·····100倍·····▶
× 3.4 ·····10倍·····▶

不考虑小数点，按照整数的乘法进行计算。▶

$$
\begin{array}{r} 216 \\ \times\;\; 34 \\ \hline 864 \\ 648\;\; \\ \hline 7344 \end{array}
$$

积扩大1000倍后为7344

$7344 \cdots \times \frac{1}{1000} \Longrightarrow$

$$
\begin{array}{r} 2.16 \\ \times\;\; 3.4 \\ \hline 864 \\ 648\;\; \\ \hline 7.344 \end{array}
$$

2.16 ····· 2位
＋
× 3.4 ····· 1位
↓
在右数第3位前加小数点

● 含有两位小数的乘法②

$$
\begin{array}{r} 4.92 \\ \times\;\; 7.5 \end{array}
$$

4.92 ·····100倍·····▶
× 7.5 ·····10倍·····▶

不考虑小数点，按照整数的乘法进行计算。▶

$$
\begin{array}{r} 492 \\ \times\;\; 75 \\ \hline 2460 \\ 3444\;\; \\ \hline 36900 \end{array}
$$

积扩大1000倍后为36900

$\times \frac{1}{1000} \Longrightarrow$

$$
\begin{array}{r} 4.92 \\ \times\;\; 7.5 \\ \hline 2460 \\ 3444\;\; \\ \hline 36.900 \end{array}
$$

4.92 ····· 2位
＋
× 7.5 ····· 1位
↓
在右数第3位前加小数点

消去最后的0。

● 乘积小于 1 的小数乘法

$$
\begin{array}{r} 0.15 \\ \times\;\; 3.2 \end{array}
$$

0.15 ·····100倍·····▶
× 3.2 ·····10倍·····▶

不考虑小数点，按照整数的乘法进行计算。▶

$$
\begin{array}{r} 15 \\ \times 32 \\ \hline 30 \\ 45\;\; \\ \hline 480 \end{array}
$$

积扩大1000倍后为480

$\times \frac{1}{1000} \Longrightarrow$

$$
\begin{array}{r} 0.15 \\ \times\;\; 3.2 \\ \hline 30 \\ 45\;\; \\ \hline 0.480 \end{array}
$$

0.15 ····· 2位
＋
× 3.2 ····· 1位
↓
在右数第3位前加小数点

个位补0。
消去最后的0。

小数的除法

除法具有一个性质，即除数和被除数同时乘或同时除以一个相同的数（0除外），商不会改变。小数的除法可以利用这个性质，把除数变成整数，再进行计算。

●被除数为两位小数的除法

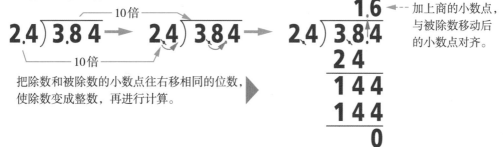

把除数和被除数的小数点往右移相同的位数，使除数变成整数，再进行计算。

加上商的小数点，与被除数移动后的小数点对齐。

●商小于 1 的小数除法

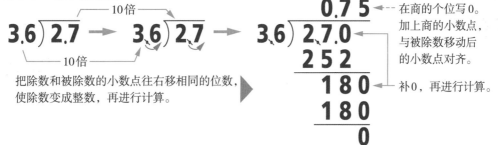

把除数和被除数的小数点往右移相同的位数，使除数变成整数，再进行计算。

在商的个位写0。加上商的小数点，与被除数移动后的小数点对齐。

补0，再进行计算。

●答案有余数的小数除法

商求到小数第一位，有余数。

把除数和被除数的小数点往右移1位，使除数变成整数，再进行计算。

加上商的小数点，与被除数移动后的小数点对齐。

补0，再进行计算。

加上余数的小数点，与被除数原来的小数点对齐。

验算商和余数是否正确。

$$0.7 \times 6.5 + 0.05 = 4.6$$

除数　　商　　余数　　被除数

把商四舍五入，保留一位小数

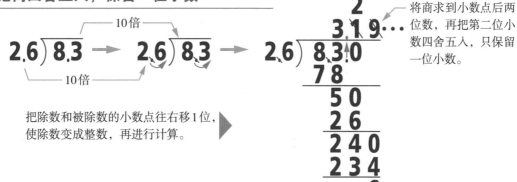

把除数和被除数的小数点往右移1位，使除数变成整数，再进行计算。

将商求到小数点后两位数，再把第二位小数四舍五入，只保留一位小数。

比与比例

两个数相除，又叫这两个数的比。

▶ 比是什么？

比是由两个数组成的除法算式，只不过把"÷"改成":"而已，但除法表示的是一种运算，而"比"则表示两个数的关系。比号前后的数称为**项**，前面的项称为前项，后面的项称为后项。利用"比"可以得知两个数之间的关系。

醋和油的量之比

3 杯醋   5 杯油

10mL 的杯子

醋　比　油

3：5

比的符号，读作"比"。

如果以 mL 为单位，则比是 30:50。

班上男生与女生的人数之比

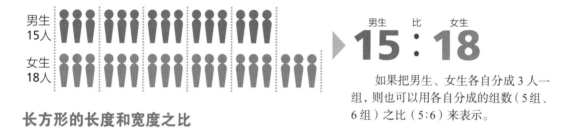

男生 15 人
女生 18 人

男生　比　女生

15：18

如果把男生、女生各自分成 3 人一组，则也可以用各自分成的组数（5 组、6 组）之比（5:6）来表示。

长方形的长度和宽度之比

3cm
2cm

长度　比　宽度

3：2

8m
5m

长度　比　宽度

8：5

▶ 相等的比

把 $a:b$ 的前项和后项同时乘或同时除以相同的数（0 除外），所形成的新的比仍然和 $a:b$ 相等。利用比的这种性质，把比变成尽量小的整数之比，称为比的化简。

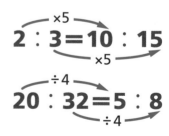

$$2：3=10：15 \quad (\times 5)$$

$$20：32=5：8 \quad (\div 4)$$

12：18=2：3

两项都除以 6

$\frac{2}{3}$：$\frac{1}{2}$=4：3

两项都乘分母的最小公倍数 6

▶ 比值

已知醋的量和油的量之比是 30:50，求醋的量是油的量的几倍。由 $30÷50$ 求得醋量是油量的 $\frac{3}{5}$（0.6）倍。这个 $\frac{3}{5}$ 称为 30:50 这个比的比值。

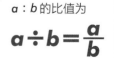

$a:b$ 的比值为

$$a÷b=\frac{a}{b}$$

▶ 比的运用

比常被运用于各式各样的物品，例如各种卡片、笔记本、电视机屏幕的长度和宽度之比，以及实物的缩小图或放大图之比，等等。

电视机屏幕

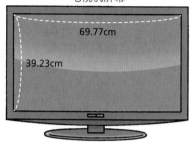

69.77cm

39.23cm

明信片
10cm

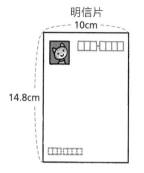

14.8cm

> 如果把明信片的长度四舍五入为 15cm，就可以把长度和宽度之比看成是 $15:10 = 3:2$。

缩小图

地图是一种缩小图，在比例尺为 $1:5000$ 的地图上，是把实际的长度缩短为原来的 $\frac{1}{5000}$ 来表示。假设右边是比例尺为 $1:5000$ 的地图，A 和 B 之间的距离是 1.8cm，求实际距离是多少。

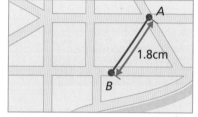

A

1.8cm

B

$$1.8 \div \frac{1}{5000} = 1.8 \times 5000 = 9000(\text{cm})$$
$$= 90(\text{m}) \leftarrow \text{实际距离}$$

↑
比例尺（比值）

▶ 比的计算

像 $2:\frac{3}{4} = 8:3$ 这样，表示两个比相等的式子，称为比例式。

已知比例式 $2:x = 12:30$，求 x 的值。

$$2 \times 30 = x \times 12$$
$$x = \frac{2 \times 30}{12}$$
$$x = 5$$

$a:b = m:n$

⇩

$an = bm$

求比例式中未知项的值，称为解比例式。

> **比例式的性质**
>
> 若 $a:b = m:n$，则 $an = bm$

> **证明**
>
> $a:b = m:n$，左右的比值相等，
> 所以 $\frac{a}{b} = \frac{m}{n}$
>
> 两边都乘分母 b 和 n，
> 则 $\frac{a}{b} \times bn = \frac{m}{n} \times bn$
>
> $an = bm$

利用比例式解答问题！

制作某种糕点时，每 140g 面粉必须要掺入 60g 黄油。现在打算制作这种糕点，已经准备了 350g 面粉，求需要准备多少黄油。

设需要的黄油量为 x，则 $60:140 = x:350 \Rightarrow 60 \times 350 = 140 \times x$

$x = \dfrac{60 \times 350}{140}$，$x = 150$，所以需要准备 **150g** 黄油。

▶ 正比

两个相关联的量，当一个量变化时，另一个量也随之变化，如果这两个量的比值一定且不等于 0，就称这两个量的关系成正比或正比例。

1 颗球的质量是 50g，共有 x 颗，则全部的质量 y 可表示为

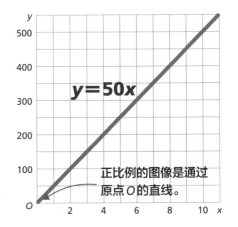

$$y = 50x$$

在这种情况下，当 x 为自然数，且 $x \neq 0$ 时，$\frac{y}{x} = 50$ 是一个固定的值。这个值 50 称为比例常数。

像 x、y 这样会随条件而变的量，称为**变量**，也叫变数；而固定的数或表示固定的数的字母，称为**常数**。

求出与 x 的值相对应的 y 的值，再画出它的图像，就会变成右图所示的样子。

球的个数 x（颗）	1	2	3	4	5	6
全部的质量 y（g）	50	100	150	200	250	300

当 x、y 的关系满足 $y = ax$（a 为比例常数且 $a \neq 0$）时，则称 y 与 x 成正比。当决定了一个 x 的值时，也随之决定了一个 y 的值，所以也称 y 为 x 的函数。

$y = ax$ 的图像

下面所示的正比例图像也包括变量 x 的值和比例常数 a 为负数的情况。

① $a > 0$ 时

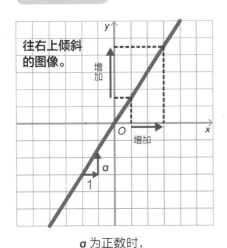

往右上倾斜的图像。

a 为正数时，
若 x 增加，则 y 也增加。

② $a < 0$ 时

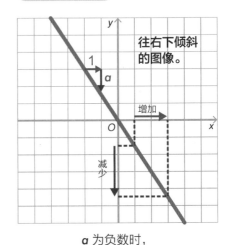

往右下倾斜的图像。

a 为负数时，
若 x 增加，则 y 会减少。

▶ 反比

两个相关联的量，当一个量变化时，另一个量也随之变化，如果这两个量的乘积一定，就称这两个量的关系成反比或反比例。

面积为 12cm² 的长方形，设长度为 xcm、宽度为 ycm，则宽度 y 可以表示为

$$y = \frac{12}{x}$$

在这种情况下，$x > 0$，且表示面积的值为 12，亦即 $xy = 12$ 为一个固定值，这个固定值 12 称为比例常数。

求出与 x 的值相对应的 y 的值，再画出它的图像，就会成为右图所示的样子。在反比例函数中，不考虑 $x = 0$ 的情况。

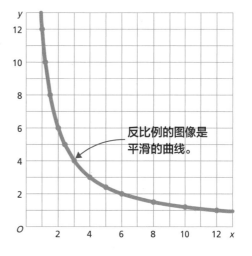

反比例的图像是平滑的曲线。

长度 x(cm)	1	1.2	1.5	2	2.4	3	4	5	6	8	10	12
宽度 y(cm)	12	10	8	6	5	4	3	2.4	2	1.5	1.2	1

└── $x \times y$ 的值固定

当 x、y 的关系满足 $y = \frac{a}{x}$（$a \neq 0$，$x \neq 0$）时，则称 y 与 x 成反比。在这种情况下，x 和 y 的积 xy 为固定值，等于比例常数 a。

$$y = \frac{a}{x}$$ ← 比例常数 a 等于 xy。

$y = \frac{a}{x}$ 的图像

下面所示的反比例图像也包括变量 x 的值和比例常数 a 为负数的情况。

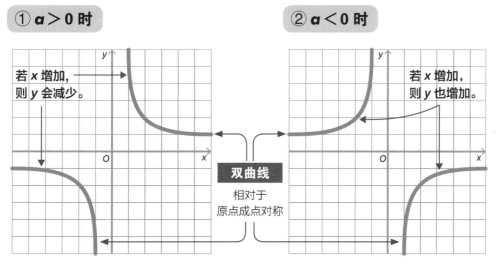

① $a > 0$ 时

若 x 增加，则 y 会减少。

② $a < 0$ 时

若 x 增加，则 y 也增加。

双曲线
相对于原点成点对称

$y = \frac{a}{x}$ 的图像为两条平滑的曲线（称为双曲线），这个图像不会与 x 轴、y 轴相交。

百分率

百分率也叫百分比，是把基准量定为 100 时表示比例的方法。

▶ 百分率是什么？

以百分率的符号"百分号"（%）表示的比例，称为**百分率**。0.01 用百分率表示是 1%；1 用百分率表示是 100%。

直方图和饼图会用到百分率。统计资料或调查结果时，也经常用到百分率。

百分率是表示视全体量为 100 时，部分量相当于多少的比例。换句话说，百分率就是表示一个数占另一个数的百分之几。

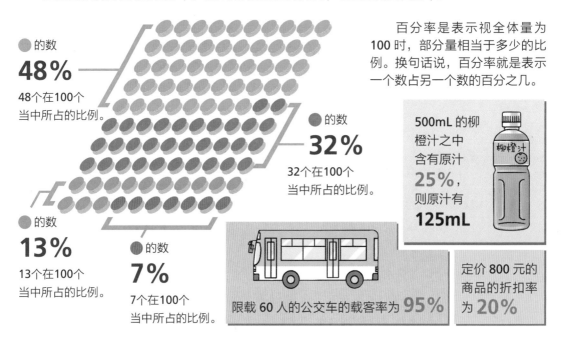

●的数
48%
48个在100个当中所占的比例。

●的数
32%
32个在100个当中所占的比例。

●的数
13%
13个在100个当中所占的比例。

●的数
7%
7个在100个当中所占的比例。

500mL 的柳橙汁之中含有原汁 **25%**，则原汁有 **125mL**

限载 60 人的公交车的载客率为 **95%**

定价 800 元的商品的折扣率为 **20%**

百分率和小数、分数的转换

比例有小数、分数、百分率等各种表示方式。可以把百分率变成小数或分数，也可以把小数和分数变成百分率。

小数和百分率

$0.87 \overset{\times 100\%}{\underset{\div 100\%}{\longleftrightarrow}} 87\%$

分数和百分率

$\frac{2}{5} = \frac{40}{100} \longleftrightarrow 40\%$

小数和分数

$0.25 \longleftrightarrow \frac{25}{100} = \frac{1}{4}$

成数

棒球比赛中，以打击数为基准的安打数的比例，称为打击率。如果在 500 个打击数当中，安打数有 164 个，则打击率为 0.328。把这个 0.328 以 3 成 2 分 8 厘来表示的比例，称为成数。成数在日常生活中经常被使用。

· 今年男学生人数比去年增加 **1 成**。

· 定价 2000 元的商品的利润率为 **2 成 5 分**。

· 10 万元的利息为一年 **4 分**。

表示比例的数	1	0.1	0.01	0.001
百分率	100%	10%	1%	0.1%
成数	10成	1成	1分	1厘

▶ 百分率的计算

比例表示一个总体中各个部分的数量占总体数量的比重。比例可通过下列公式求得。

比例 = 部分数量 ÷ 总数量

由这个公式可以推导出求部分数量或总数量的公式，用来解答问题。

● 求部分数量的比例

A 班有 30 名学生，其中女生有 18 人，求女生人数占 A 班人数的百分率。

$$18 \div 30 = 0.6$$
↑
表示比例的小数

$$0.6 \times 100\% \Rightarrow 60\%$$
小数 × 100% = 百分率　　*求百分率的时候，式子也可以列成
$$18 \div 30 \times 100\% = 60\%$$

● 通过总数量和比例求部分数量

在 A 班的 30 人当中，加入运动社团的学生占 40%，求加入运动社团的学生有多少人。

$$40 \div 100 = 0.4$$
↑
表示比例的小数

$$30 \times 0.4 = 12 （人）$$
*式子也可以列成
$$30 \times \frac{40}{100} = 12 （人）$$

总数量 × 比例 = 部分数量

● 通过部分数量及其比例求总数量

B 班有 8 位同学骑自行车上学，占 B 班人数的 25%，求 B 班有多少人。

$$25 \div 100 = 0.25$$
↑
表示比例的小数

$$8 \div 0.25 = 32 （人）$$
*式子也可以列成
$$8 \div \frac{25}{100} = 32 （人）$$

部分数量 ÷ 比例 = 总数量

● 通过增加后的量及其比例求增加前的量

某种点心的质量增加 20% 后为 150g。求增加前的质量是多少。

增加后的质量为 150g，是增加前质量的（100 + 20）%，所以增加前的质量是

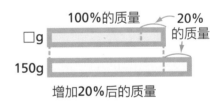
100%的质量　　20%的质量
□g
150g
增加20%后的质量

$$120 \div 100 = 1.2 \qquad 150 \div 1.2 = 125 （g）$$

● 通过减少前的量及减少的比例求减少后的量

C 校去年的一年级学生有 160 人，今年的一年级学生人数比去年少 5%。今年的一年级学生人数是多少？

今年的一年级学生人数是去年人数的（100 − 5）%，所以

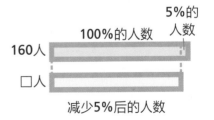
5%的人数
100%的人数
160人
□人
减少5%后的人数

$$95 \div 100 = 0.95 \qquad 160 \times 0.95 = 152 （人）$$

正数与负数

比 0 大的数称为正数，比 0 小的数称为负数。

▶ 正数与负数

+3、+6.5 之类的数称为正数，−2、−4.5 之类的数称为负数，" + "称为**正号**，"−"称为**负号**。0 不是正数，也不是负数。另外，+3、+6.5 之类的正数可以不加正号，直接写成 3、6.5。

具有相反性质的值可以用正数和负数表示

气温升高5℃…**＋5℃**　➡　气温降低2℃…**−2℃**

收入800元…**＋800元**　➡　支出300元…**−300元**

从 A 地往东前进50m…**＋50m**　➡　从 A 地往西前进70m…**−70m**

数轴和绝对值

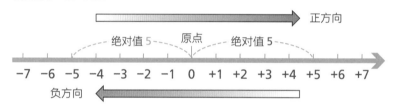

绝对值

　在数轴上，某数所对应的点和原点之间的距离，称为这个数的绝对值。负数的绝对值越大，则其值越小。

▶ 正负数的加法和减法

　正负数的计算可以看作数轴上的位置移动，这样比较容易理解。往右移动以正数表示，往左移动以负数表示。

●正数与正数的减法

$$5-2=3$$

➡$5+(-2)$
　$=+(5-2)=3$

●负数与正数的加法

$$-6+4=-2$$

➡$-(6-4)=-2$

●正数与负数的减法

$$3-(-2)=5$$

➡$3+(+2)=5$

●负数与正数的减法

$$-2-4=-6$$

➡$-2+(-4)=-6$

加法的和及其符号

① 两个同符号的数之和等于两数绝对值之和加上共同的符号。

② 两个不同符号的数之和等于较大的绝对值减去较小的绝对值，再加上绝对值较大的数的符号。

减法要变成加法再计算

　正数减去负数，就等于改变该负数的符号再相加。

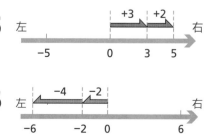

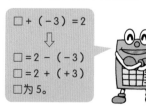

▶ 正负数的乘法和除法

乘法也可以利用在数轴上往左或往右移动位置来思考。假设往右移动的速度为每小时 3km，往左移动的速度为每小时 −3km，并且以正数表示现在之后的时间，以负数表示现在之前的时间。

● **正数与正数的乘法**

$$3 \times 2 = 6$$

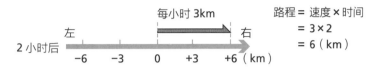

路程＝速度×时间
$$= 3 \times 2$$
$$= 6（km）$$

● **负数与正数的乘法**

$$-3 \times 2 = -6$$

➡ 有2个−3，共−6
$$-3 \times 2 = (-1) \times (3 \times 2)$$
$$= -(3 \times 2)$$

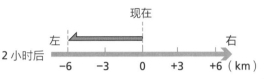

● **负数与负数的乘法**

$$-3 \times (-2) = 6$$

➡ $-3 \times (-2)$
$$= (-1) \times 3 \times (-2)$$
$$= -[3 \times (-2)]$$

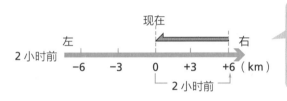

> 往左移动 2 小时到达现在的位置 0 处，这里求的是 2 小时前的位置。

乘法的积及其符号

① 两个同符号的数之积，等于两数绝对值的积加上正号。　＋×＋⇨＋，　−×−⇨＋

② 两个不同符号的数之积，等于两数绝对值的积加上负号。　＋×−⇨−，　−×＋⇨−

正负数的除法也可以像乘法那样利用数轴进行计算。

● **正数与负数的除法**

$$6 \div (-2) = -3$$

➡ $(-3) \times (-2) = 6$

现在位于 0 的位置，6 代表右边 6km，-2 代表 2 小时前，6÷(-2) 表示从右边 6km 处走 2 小时到达现在位置的速度，求得速度为每小时 -3km。

● **负数与负数的除法**

$$(-6) \div (-2) = 3$$

➡ $3 \times (-2) = -6$

现在位于 0 的位置，-6 代表左边 6km，-2 代表 2 小时前，(-6)÷(-2) 表示从左边 6km 处走 2 小时到达现在位置的速度，求得速度为每小时 +3km。

除法转化为乘法
除以某个数，就等于乘它的倒数。

$$6 \div (-2) = 6 \times \left(-\frac{1}{2}\right)$$

3个以上的数之积及其符号
负数有奇数个，绝对值的积加上"−"。
负数有偶数个，绝对值的积加上"＋"。

▶ 乘方

多个相同的数相乘，可记成该数的**乘方**。写在右上方的小数字称为**指数**。乘方的指数表示相乘的数的个数。2 次方也称为平方，3 次方也称为立方。

$$3 \times 3 \ ➡ \ 3^2 \ （3 的 2 次方）$$
（指数）

$$(-2) \times (-2) \times (-2) \ ➡ \ (-2)^3 \ （-2 的 3 次方）$$

平方根

平方后等于 a 的数，称为 a 的平方根。

▶ 平方根是什么？

若某数 x 的平方等于 a，即 $x^2 = a$，则称 x 为 a 的**平方根**。一个正数如果有平方根，那么必定有两个，且互为相反数。例如：$2^2 = 4$，$(-2)^2 = 4$，所以 2 和 −2 都是 4 的平方根。

平方根使用符号 "$\sqrt{}$"（称为**根号**）来表示。4 的平方根当中，正的那个记成 $\sqrt{4}$，负的那个记成 $-\sqrt{4}$。（$\sqrt{4} = 2$，$-\sqrt{4} = -2$）

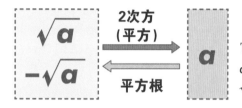

正数 a 的平方根有正负两个，它们的绝对值（→第 42 页）相等。a 的两个平方根当中，正的记为 $\sqrt{a}$，负的记为 $-\sqrt{a}$。

$\sqrt{a}$ 和 $-\sqrt{a}$ 可以合记为 $\pm\sqrt{a}$，读作 "正负根号 a"。

- **0.36** 的**平方根**是 **0.6** 和 **−0.6** ⇨ $\sqrt{0.36} = 0.6$，$-\sqrt{0.36} = -0.6$

- $\dfrac{9}{16}$ 的**平方根**是 $\dfrac{3}{4}$ 和 $-\dfrac{3}{4}$ ⇨ $\sqrt{\dfrac{9}{16}} = \dfrac{3}{4}$，$-\sqrt{\dfrac{9}{16}} = -\dfrac{3}{4}$

- **3 的平方根再做平方**：$(\sqrt{3})^2 = 3$，$(-\sqrt{3})^2 = 3$

- 设 a 为**正数**，则 $(\sqrt{a})^2 = a$，$(-\sqrt{a})^2 = a$

求平方根的值（逼近法）

计算某个正数的平方根的近似值时，可以先选择两个相近的数做平方，根据其结果的大小，逐步寻找所求平方根各数位上的值。

$\sqrt{5}$ **的值**可以按照下列方法求得：

(1) $2^2 = 4$，$3^2 = 9$，所以 **2 < $\sqrt{5}$ < 3** ⇨ $\sqrt{5}$ 的整数部分是 **2**

(2) $2.2^2 = 4.84$，$2.3^2 = 5.29$，所以 **2.2 < $\sqrt{5}$ < 2.3** ⇨ $\sqrt{5}$ 的小数第一位是 **2**

(3) $2.21^2 = 4.8841$，$2.22^2 = 4.9284$
$2.23^2 = 4.9729$，$2.24^2 = 5.0176$ ⎬ 所以 **2.23 < $\sqrt{5}$ < 2.24** ⇨ $\sqrt{5}$ 的小数第二位是 **3**

(4) $2.235^2 = 4.995225$
$2.236^2 = 4.999696$ ⎬ 所以 **2.236 < $\sqrt{5}$ < 2.237** ⇨ $\sqrt{5}$ 的小数第三位是 **6**
$2.237^2 = 5.004169$

不断把位数更多的小数的 2 次方和 5 做比较，就可以求得越来越接近 $\sqrt{5}$ 的值。

$$\sqrt{5} = 2.2360679\cdots \quad \leftarrow 无限连续的小数$$

在实际计算的时候，通常取到小数点后第三位即可。

$$\sqrt{5} = 2.236 \quad \leftarrow 取到小数点后第三位$$

近似值

使用计算器求近似值

若要使用计算器求 $\sqrt{5}$ 的近似值，依序按计算器的 $\boxed{5}$ 键、$\boxed{\sqrt{}}$ 键，再根据计算器得出的值，依所需的位数取概数。

平方根的大小

假设两个正方形的面积分别为 2cm² 和 5cm²，则边长分别为 $\sqrt{2}$cm 和 $\sqrt{5}$cm。正方形的边长越长则面积越大；反之，面积越大则边长越长。因为 2＜5，所以 $\sqrt{2}$＜$\sqrt{5}$。

比较 **3** 和 $\sqrt{10}$ 的大小： $3=\sqrt{9}$，$9<10$

所以，$3<\sqrt{10}$

> 对于正数 a、b，若 $a<b$，则 $\sqrt{a}<\sqrt{b}$

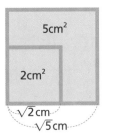

▶ 有理数和无理数

像 $0.3=\dfrac{3}{10}$、$\sqrt{4}=2=\dfrac{2}{1}$ 这样，能以分数 $\dfrac{m}{n}$ 表示的数（其中，m 为整数、n 为不等于 0 的整数），称为**有理数**。另一方面，像 $\sqrt{5}$ 这样，无法以整数和分数的形式表示的数，称为**无理数**。

$$\text{实数}\begin{cases}\text{有理数}\begin{cases}\text{整数：正整数、0、负整数}\\\text{分数：正分数、负分数}\end{cases}\\\text{无理数：正无理数、负无理数}\end{cases}$$

> $\cdots,\ -2,\ -1,\ 0,\ 1,\ 2,\cdots$
> $\dfrac{3}{8},\ -\dfrac{1}{4},\ 2\dfrac{3}{5},\ \dfrac{123}{100},\cdots$
> $\dfrac{5}{8}=0.625,\ \dfrac{5}{11}=0.\overset{\cdot}{4}\overset{\cdot}{5},\cdots$

> $-\sqrt{3},\sqrt{5},\sqrt{2},\pi,\cdots$

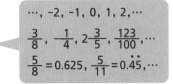

▶ 分解质因数

$\sqrt{36}=6$，所以 $\sqrt{36}$ 是有理数。$36=2\times18=2\times2\times9=2\times2\times3\times3$，由此可知，$36=(2\times3)^2=6^2$，所以 $\sqrt{36}=6$。

当一个自然数可以用几个自然数的乘积来表示时，其中的每一个数都称为原来的数的**因数**。如果这个因数是质数，则称为**质因数**。把自然数分解成质因数的乘积，称为**分解质因数**。

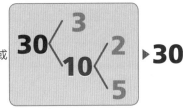

▶ **30=2×3×5**

从较小的因数依序去除即可。
↓
$\begin{array}{r|l}2&30\\\hline3&15\\\hline&5\end{array}$

▶ 二次根式的运算

$$\sqrt{3} \times \sqrt{5} = \sqrt{3 \times 5}$$
$$= \sqrt{15}$$

$(\sqrt{3} \times \sqrt{5})^2 = (\sqrt{3} \times \sqrt{5}) \times (\sqrt{3} \times \sqrt{5})$
$= (\sqrt{3})^2 \times (\sqrt{5})^2 = 3 \times 5$
因此，$\sqrt{3} \times \sqrt{5}$ 是 3×5 的平方根。
* $\sqrt{3} \times \sqrt{5}$ 也可以省略乘号，直接写成 $\sqrt{3}\sqrt{5}$。

$(-\sqrt{8}) \times \sqrt{2} = -\sqrt{8 \times 2} = -\sqrt{16} = -4$

$\sqrt{10} \times \sqrt{18} = \sqrt{2 \times 5} \times \sqrt{9 \times 2} = \sqrt{2 \times 5 \times 3 \times 3 \times 2}$
$= \sqrt{(2 \times 3)^2 \times 5} = (2 \times 3)\sqrt{5} = 6\sqrt{5}$

平方根的积 设 a、b 为正数，则 $\sqrt{a} \times \sqrt{b} = \sqrt{ab}$，$a\sqrt{b} = \sqrt{a^2 b}$

分母有理化

当代数式中的分母含有根号时，可以把分母和分子同时乘相同的数，使分母转化为没有根号的形式，这种运算称为**分母有理化**。

$$\frac{\sqrt{2}}{\sqrt{5}} = \frac{\sqrt{2} \times \sqrt{5}}{\sqrt{5} \times \sqrt{5}} = \frac{\sqrt{10}}{5}$$

$$\frac{3}{4\sqrt{3}} = \frac{3 \times \sqrt{3}}{4\sqrt{3} \times \sqrt{3}} = \frac{\sqrt{3}}{4}$$

$\dfrac{\sqrt{24}}{\sqrt{6}} = \sqrt{\dfrac{24}{6}} = \sqrt{4} = \sqrt{2^2} = 2$

（$\sqrt{a^2} = a$）

$\sqrt{60} \div \sqrt{5} = \dfrac{\sqrt{60}}{\sqrt{5}} = \sqrt{\dfrac{60}{5}} = \sqrt{12} = 2\sqrt{3}$

（$\sqrt{4 \times 3} = \sqrt{2^2 \times 3}$）

$\sqrt{56} \div 2\sqrt{2} = \sqrt{56} \div \sqrt{8}$

（$\sqrt{2^2 \times 2}$）

$= \dfrac{\sqrt{56}}{\sqrt{8}} = \sqrt{\dfrac{56}{8}}$
$= \sqrt{7}$

也可以这样算：$\sqrt{56} = \sqrt{8} \times \sqrt{7}$
$\dfrac{\sqrt{8} \times \sqrt{7}}{\sqrt{8}} = \sqrt{7}$

分母和分子都乘 $\sqrt{5}$，将分母有理化。

$2\sqrt{3} \div \sqrt{5} = \dfrac{2\sqrt{3}}{\sqrt{5}} = \dfrac{2\sqrt{3} \times \sqrt{5}}{\sqrt{5} \times \sqrt{5}} = \dfrac{2\sqrt{15}}{5}$

平方根的商
设 a、b 为正数，则
$$\dfrac{\sqrt{a}}{\sqrt{b}} = \sqrt{\dfrac{a}{b}}$$

$7 \div 2\sqrt{7} = \dfrac{7}{2\sqrt{7}} = \dfrac{7 \times \sqrt{7}}{2\sqrt{7} \times \sqrt{7}} = \dfrac{7\sqrt{7}}{14} = \dfrac{\sqrt{7}}{2}$

$7 = (\sqrt{7})^2$，则 $\dfrac{7}{2\sqrt{7}} = \dfrac{(\sqrt{7})^2}{2\sqrt{7}} = \dfrac{\sqrt{7}}{2}$。

二次根式的变形 （设 a、b 为正数）

· 变形为 $\sqrt{a}$ 的形式
$3\sqrt{2} = \sqrt{3^2 \times 2} = \sqrt{18}$
$a\sqrt{b} = \sqrt{a^2 b}$

· 变形为 $a\sqrt{b}$ 的形式
$\sqrt{80} = \sqrt{4^2 \times 5} = 4\sqrt{5}$
$\sqrt{a^2 b} = a\sqrt{b}$

$\sqrt{0.07} = \sqrt{\dfrac{7}{100}}$
$= \dfrac{\sqrt{7}}{\sqrt{100}} = \dfrac{\sqrt{7}}{10}$

加法

- $2\sqrt{2} + 3\sqrt{2} = (2+3)\sqrt{2}$ ⟵·········
  相同的平方根 $= 5\sqrt{2}$

把 $\sqrt{2}$ 替换成 a，则 $2a+3a = (2+3)a = 5a$，再把 a 换成 $\sqrt{2}$，即为 $5\sqrt{2}$。根号内的数相同时，可以像合并同类项那样加以简化。

- $\sqrt{12} + \sqrt{3} = 2\sqrt{3} + \sqrt{3} = (2+1)\sqrt{3}$ ⟵·········
  $\sqrt{2^2 \times 3}$ $= 3\sqrt{3}$

即使根号里的数不同，有些也能通过变形为 $a\sqrt{b}$ 的形式来进行计算。

先转化为最简二次根式，即将根号里面的数变为尽可能小的自然数，再进行计算。

- $4\sqrt{5} + \dfrac{10}{\sqrt{5}} = 4\sqrt{5} + \dfrac{10 \times \sqrt{5}}{\sqrt{5} \times \sqrt{5}} = 4\sqrt{5} + 2\sqrt{5}$

  分母有理化

  $\dfrac{10}{\sqrt{5}} = \dfrac{10 \times \sqrt{5}}{\sqrt{5} \times \sqrt{5}} = \dfrac{10\sqrt{5}}{5} = 2\sqrt{5}$

  $= (4+2)\sqrt{5} = 6\sqrt{5}$

减法

- $5\sqrt{3} - 3\sqrt{3} = (5-3)\sqrt{3}$ ⟵·······
  相同的平方根 $= 2\sqrt{3}$

和加法一样，把根号内的数相同的根式按照合并同类项的方法加以合并。

- $\sqrt{72} - \sqrt{32} = 6\sqrt{2} - 4\sqrt{2} = (6-4)\sqrt{2}$
  $= 2\sqrt{2}$

  $\sqrt{72} = \sqrt{36 \times 2} = \sqrt{6^2 \times 2} = 6\sqrt{2}$
  $\sqrt{32} = \sqrt{16 \times 2} = \sqrt{4^2 \times 2} = 4\sqrt{2}$

- $\sqrt{150} - \dfrac{12}{\sqrt{6}} = \sqrt{25 \times 6} - \dfrac{12 \times \sqrt{6}}{\sqrt{6} \times \sqrt{6}} = 5\sqrt{6} - 2\sqrt{6}$

  变形为 $a\sqrt{b}$

  $\dfrac{12}{\sqrt{6}} = \dfrac{12 \times \sqrt{6}}{\sqrt{6} \times \sqrt{6}} = \dfrac{12\sqrt{6}}{6} = 2\sqrt{6}$

  $= (5-2)\sqrt{6} = 3\sqrt{6}$

各种计算

- $\sqrt{2}(\sqrt{6}+3) = \sqrt{2} \times \sqrt{6} + \sqrt{2} \times 3$

  $\sqrt{6} = \sqrt{2 \times 3} = \sqrt{2} \times \sqrt{3}$

  $= \sqrt{2} \times (\sqrt{2} \times \sqrt{3}) + 3\sqrt{2}$

  $= 2\sqrt{3} + 3\sqrt{2}$

  利用乘法分配律去乘括号里的数：
  $a(b+c) = ab + ac$

- $(\sqrt{5}+2)(\sqrt{5}-1) = (\sqrt{5})^2 - \sqrt{5} + 2\sqrt{5} - 2 \times 1$

  $= 5 + (2-1)\sqrt{5} - 2$

  $= 3 + \sqrt{5}$

  利用乘法公式展开：
  $(x+a)(x+b)$
  $= x^2 + (a+b)x + ab$

- $2 \div (\sqrt{3}+1) = \dfrac{2}{\sqrt{3}+1} = \dfrac{2(\sqrt{3}-1)}{(\sqrt{3}+1)(\sqrt{3}-1)} = \dfrac{2(\sqrt{3}-1)}{(\sqrt{3})^2 - 1^2}$

  $= \dfrac{2(\sqrt{3}-1)}{3-1} = \sqrt{3}-1$

  利用平方差公式进行分母有理化：
  $(x+a)(x-a) = x^2 - a^2$

指数与对数

把 a 的 n 次方记成 a^n，其中，n 称为乘方的指数。

如果 $a^p = M$ ($a > 0$, $a \neq 1$)，那么 p 的值以 $\log_a M$ 表示，并称 p 为以 a 为底 M 的对数。

▶ 指数

像 a、a^2、a^3 这样，把 n 个 a 的乘积记成 a^n，读作 a 的 n 次方，如果把 a^n 看作乘方的结果，则读作 a 的 n 次幂。

对于 a^n 来说，n 称为乘方的**指数**，a 称为**底数**。

a，a^2，a^3，$\cdots$，a^n 统称为 a 的**乘方**。

a 的乘方

a^n ←⋯⋯ 指数
←⋯⋯ 底数

指数为 0 及负整数

指数 $n \rightarrow$

| -3 | -2 | -1 | 0 | 1 | 2 | 3 |

$$\cdots \dfrac{1}{a^3} \quad \dfrac{1}{a^2} \quad \dfrac{1}{a} \quad 1 \quad a \quad a^2 \quad a^3 \cdots$$

$\times \dfrac{1}{a}$ $\times \dfrac{1}{a}$ $\times \dfrac{1}{a}$ $\times \dfrac{1}{a}$ $\times \dfrac{1}{a}$ $\times \dfrac{1}{a}$

把 a 的乘方按照上面的方法依序排列，每乘 a 一次，指数 n 的值就增加 1。相反地，每乘 $\dfrac{1}{a}$ 一次，指数 n 的值就减少 1。

当乘方的指数为 0 或负整数时，a 的乘方如右所示。

如此一来，下列幂的运算法则成立。

设 $a \neq 0$，n 为正整数，则

$$a^0 = 1, \quad a^{-n} = \dfrac{1}{a^n}$$

幂的运算法则

$a \neq 0$，$b \neq 0$，m、n 为正整数

$a^m \times a^n = a^{m+n}$ $\qquad a^m \div a^n = a^{m-n}$

$(a^m)^n = a^{mn}$ $\qquad (ab)^n = a^n b^n$

- $a^2 \times a^3 = (a \times a) \times (a \times a \times a) = a^5 = a^{2+3}$
- $a^5 \div a^3 = \dfrac{a \times a \times a \times a \times a}{a \times a \times a} = a^2 = a^{5-3}$
- $(a^2)^3 = (a \times a) \times (a \times a) \times (a \times a) = a^6 = a^{2 \times 3}$
- $(ab)^3 = (a \times b) \times (a \times b) \times (a \times b) = a^3 b^3$

乘方的计算

$$a^m \times a^n = a^{m+n}$$

- $4^5 \times 4^{-3} = 4^{5+(-3)} = 4^2 = 16$
- $3^{-3} \div 3^{-4} = 3^{-3-(-4)} = 3^1 = 3$
- $(5^2)^{-3} \div 5^{-5} = 5^{2 \times (-3)} \div 5^{-5} = 5^{-6} \div 5^{-5} = 5^{-6-(-5)} = 5^{-1} = \dfrac{1}{5}$

  $\underset{(a^m)^n = a^{mn}}{\underline{}}$ $\qquad a^{-n} = \dfrac{1}{a^n}$（$n$ 为正整数）

- $(2^{-2})^{-3} = 2^{(-2) \times (-3)} = 2^6 = 64$

▶ 方根

如果一个数的 n 次方（n 是大于 1 的整数）等于 a，那么这个数称为 a 的 n 次方根。例如 $x^n = a$，则称 x 为 a 的 **n 次方根**。2 次方根（平方根）、3 次方根（立方根）、4 次方根……统称为**方根**。

$$2^3 = 8 \text{，所以，} 2 \text{ 是 8 的 3 次方根}$$

$$(-3)^4 = 81 \text{，所以，} -3 \text{ 是 81 的 4 次方根}$$

设 $a > 0$，n 为正整数，则 a 的 n 次方根以 $\sqrt[n]{a}$ 表示。

因为 $\sqrt[n]{a}$ 只是 a 的一个正 n 次方根，所以 $(\sqrt[n]{a})^n = a$，$\sqrt[n]{a} > 0$。

$\sqrt[4]{81}$ 是 4 次方后等于 81 的正数，

而 $81 = 3^4$，所以 $\sqrt[4]{81} = 3$

> 设 $a > 0$，则无论 n 是偶数还是奇数，$\sqrt[n]{a}$ 都是正数。

$\sqrt[3]{-27}$ 是 3 次方后等于 -27 的负数，

而 $-27 = (-3)^3$，所以 $\sqrt[3]{-27} = -3$

相关公式

设 $a > 0$，$b > 0$，m、n 为正整数

- $\sqrt[n]{a^n} = a$
- $\sqrt[n]{a}\sqrt[n]{b} = \sqrt[n]{ab}$
- $\dfrac{\sqrt[n]{a}}{\sqrt[n]{b}} = \sqrt[n]{\dfrac{a}{b}}$
- $(\sqrt[n]{a})^m = \sqrt[n]{a^m}$
- $\sqrt[m]{\sqrt[n]{a}} = \sqrt[mn]{a}$

* $\sqrt{\sqrt{}}$ 称为重根号。

▶ 求方根的值

$$\sqrt[n]{a^n} = a$$

- $\sqrt[3]{8} = \sqrt[3]{2^3} = 2$
- $\sqrt[5]{32} = \sqrt[5]{2^5} = 2$
- $\sqrt[3]{1} = \sqrt[3]{1^3} = 1$
- $\sqrt[3]{-125} = \sqrt[3]{(-5)^3} = -5$
- $\sqrt[4]{256} = \sqrt[4]{4^4} = 4$

▶ 方根的计算

$$\sqrt[n]{a}\sqrt[n]{b} = \sqrt[n]{ab}$$

- $\sqrt[3]{16} \times \sqrt[3]{4} = \sqrt[3]{16 \times 4} = \sqrt[3]{64} = \sqrt[3]{4^3} = 4$
- $\dfrac{\sqrt[4]{80}}{\sqrt[4]{5}} = \sqrt[4]{\dfrac{80}{5}} = \sqrt[4]{16} = \sqrt[4]{2^4} = 2$ · $(\sqrt[4]{36})^2 = \sqrt[4]{36^2} = \sqrt[4]{6^4} = 6$

  $\dfrac{\sqrt[n]{a}}{\sqrt[n]{b}} = \sqrt[n]{\dfrac{a}{b}}$ 　　　　　　　$(\sqrt[n]{a})^m = \sqrt[n]{a^m}$

- $\sqrt{\sqrt[3]{64}} = \sqrt[2 \times 3]{64} = \sqrt[6]{64} = \sqrt[6]{2^6} = 2$

> $\sqrt[2]{a}$ 通常记成 $\sqrt{a}$。

▶ 指数的扩展——有理数指数幂

在这里，将试着定义正数 a 的乘方，以期当指数为有理数（分数）时，第 48 页中幂的运算法则仍然成立。

当指数为正有理数时

因为 $(5^{\frac{2}{3}})^3 = 5^{\frac{2}{3} \times 3} = 5^2$，所以，$5^{\frac{2}{3}} = \sqrt[3]{5^2}$。 　*$5^{\frac{2}{3}}$ 是 3 次方后等于 5^2 的数。

设 m、n 为正整数，$a > 0$ 时，$(a^{\frac{m}{n}})^n = a^{\frac{m}{n} \times n} = a^m$ 成立，则 $a^{\frac{m}{n}}$ 为 a^m 的 n 次方根。因此，对于正有理数 $\frac{m}{n}$，规定如下：

$$a^{\frac{m}{n}} = \sqrt[n]{a^m}$$，当 $m = 1$ 时，$a^{\frac{1}{n}} = \sqrt[n]{a}$。

$a^{\frac{1}{2}} = \sqrt{a}$。

当指数为负有理数时

因为对于负有理数 $-r$，规定 $a^{-r} = \dfrac{1}{a^r}$。

所以，$a^{-\frac{1}{2}} \times a^{\frac{1}{2}} = \dfrac{1}{a^{\frac{1}{2}}} \times a^{\frac{1}{2}} = 1 = a^0 = a^{-\frac{1}{2} + \frac{1}{2}}$

乘方 a^r（r 为有理数）仅限于 a 为正整数时才符合定义。对于符合这个定义的有理数指数，下面的运算法则同样成立。

幂的运算法则（指数为有理数）　设 $a > 0$，$b > 0$，r、s 为有理数

- $a^r \times a^s = a^{r+s}$ 　　　 $a^r \div a^s = a^{r-s}$
- $(a^r)^s = a^{rs}$ 　　　　　 $(ab)^r = a^r b^r$

　　　　　　　　　　　　　　　　　　　*$a^r \div a^s$ 也可以写为 $\dfrac{a^r}{a^s} = a^{r-s}$。

求指数为有理数时乘方的值

- $27^{\frac{1}{3}} = \sqrt[3]{27} = \sqrt[3]{3^3} = 3$ 　　　　　 $8^{\frac{2}{3}} = \sqrt[3]{8^2} = \sqrt[3]{64} = \sqrt[3]{4^3} = 4$

　　　　　　　　　　　　　　　　　　　　　　 $\lfloor\!= (2^3)^{\frac{2}{3}} = 2^{3 \times \frac{2}{3}} = 2^2 = 4$

- $16^{-\frac{1}{4}} = \dfrac{1}{16^{\frac{1}{4}}} = \dfrac{1}{\sqrt[4]{16}} = \dfrac{1}{\sqrt[4]{2^4}} = \dfrac{1}{2}$ 　　$(2^4)^{-\frac{1}{4}} = 2^{4 \times (-\frac{1}{4})} = 2^{-1} = \dfrac{1}{2}$

- $8^{-\frac{2}{3}} = (2^3)^{-\frac{2}{3}} = 2^{3 \times (-\frac{2}{3})} = 2^{-2} = \dfrac{1}{2^2} = \dfrac{1}{4}$

　　　　　　　　　　　　　　　　　　　　　　　　　 $\lceil 0.09 = 0.3^2$

- $0.09^{1.5} = (0.3^2)^{\frac{3}{2}} = 0.3^{2 \times \frac{3}{2}} = 0.3^3 = 0.027 \leftarrow$ 把小数指数变成分数指数 $1.5 = \dfrac{3}{2}$

- $\left(\dfrac{4}{9}\right)^{-\frac{3}{2}} = \left[\left(\dfrac{2}{3}\right)^2\right]^{-\frac{3}{2}} = \left(\dfrac{2}{3}\right)^{2 \times (-\frac{3}{2})} = \left(\dfrac{2}{3}\right)^{-3} = \dfrac{1}{\left(\dfrac{2}{3}\right)^3} = \dfrac{27}{8}$

　　 $\lfloor$ 也可以将 $\left(\dfrac{4}{9}\right)^{-\frac{3}{2}}$ 转化成 $\left(\dfrac{9}{4}\right)^{\frac{3}{2}}$ 再进行计算

▶ 有理数指数幂与方根的计算

设 $a>0$，$b>0$，若要将 $\sqrt{a} \times \sqrt[6]{a} \div \sqrt[3]{a}$ 化简，则计算方法如下：

$$\sqrt{a} \times \sqrt[6]{a} \div \sqrt[3]{a} = a^{\frac{1}{2}} \times a^{\frac{1}{6}} \div a^{\frac{1}{3}}$$

◁┈┈┈┈ 把 $\sqrt[n]{a}$ 的形式变成 a^p（p 为有理数指数）的形式。

$$= a^{\left(\frac{1}{2} + \frac{1}{6}\right) - \frac{1}{3}}$$

◁┈┈┈┈ 利用幂的运算法则计算。
$$a^r \times a^s = a^{r+s}$$
$$a^r \div a^s = a^{r-s}$$

$$= a^{\frac{2}{3} - \frac{1}{3}}$$

$$= a^{\frac{1}{3}}$$

进行指数为有理数的乘方和方根的计算时，按照下列方法计算即可。

① 把方根的形式 $\left(\sqrt[n]{a^m}\right)$ 变成 a^p（p 为有理数指数）的形式。

② 对底数进行质因数分解，做归纳整理。$\sqrt[6]{8} \Rightarrow 8^{\frac{1}{6}} \Rightarrow (2^3)^{\frac{1}{6}} = 2^{3 \times \frac{1}{6}} = 2^{\frac{1}{2}}$

③ 利用幂的运算法则进行计算。$\sqrt[4]{32} \Rightarrow 32^{\frac{1}{4}} \Rightarrow (2^5)^{\frac{1}{4}} = 2^{5 \times \frac{1}{4}} = 2^{\frac{5}{4}}$

• $8^{\frac{2}{3}} \times 16^{\frac{3}{4}} = (2^3)^{\frac{2}{3}} \times (2^4)^{\frac{3}{4}} = 2^{3 \times \frac{2}{3}} \times 2^{4 \times \frac{3}{4}} = 2^2 \times 2^3 = 2^{2+3} = 2^5 = 32$

　变成相同的底数

• $3^{-\frac{1}{2}} \times 3^{\frac{5}{6}} \div 3^{\frac{1}{3}} = 3^{-\frac{1}{2}} \times 3^{\frac{5}{6}} \times 3^{-\frac{1}{3}} = 3^{-\frac{1}{2} + \frac{5}{6} - \frac{1}{3}} = 3^0 = 1$

　$\div a^r$ 变成 $\times a^{-r}$

• $(5^{-2} \times 25^{\frac{2}{3}})^{\frac{3}{2}} = [5^{-2} \times (5^2)^{\frac{2}{3}}]^{\frac{3}{2}} = (5^{-2 + \frac{4}{3}})^{\frac{3}{2}} = (5^{-\frac{2}{3}})^{\frac{3}{2}} = 5^{-1} = \frac{1}{5}$

• $\sqrt[4]{9} \times \sqrt[6]{27} = 9^{\frac{1}{4}} \times 27^{\frac{1}{6}} = (3^2)^{\frac{1}{4}} \times (3^3)^{\frac{1}{6}} = 3^{\frac{1}{2}} \times 3^{\frac{1}{2}} = 3^{\frac{1}{2} + \frac{1}{2}} = 3^1 = 3$

• $\sqrt[3]{5} \times \sqrt[8]{25} \div \sqrt[12]{5} = 5^{\frac{1}{3}} \times 25^{\frac{1}{8}} \div 5^{\frac{1}{12}} = 5^{\frac{1}{3}} \times (5^2)^{\frac{1}{8}} \times 5^{-\frac{1}{12}}$

　　$\div a^r$ 变成 $\times a^{-r}$

$$= 5^{\frac{1}{3}} \times 5^{\frac{1}{4}} \times 5^{-\frac{1}{12}} = 5^{\frac{1}{3} + \frac{1}{4} - \frac{1}{12}} = 5^{\frac{1}{2}} = \sqrt{5}$$

• $\sqrt{6} \times \sqrt[4]{24} \div \sqrt[4]{6} = 6^{\frac{1}{2}} \times 24^{\frac{1}{4}} \div 6^{\frac{1}{4}} = (2 \cdot 3)^{\frac{1}{2}} \times (2^3 \cdot 3)^{\frac{1}{4}} \times (2 \cdot 3)^{-\frac{1}{4}}$

　　$\div a^r$ 变成 $\times a^{-r}$

$$= (2^{\frac{1}{2}} \cdot 3^{\frac{1}{2}}) \times (2^{\frac{3}{4}} \cdot 3^{\frac{1}{4}}) \times (2^{-\frac{1}{4}} \cdot 3^{-\frac{1}{4}})$$

$$= 2^{\frac{1}{2} + \frac{3}{4} - \frac{1}{4}} \times 3^{\frac{1}{2} + \frac{1}{4} - \frac{1}{4}} = 2 \times 3^{\frac{1}{2}} = 2\sqrt{3}$$

> $2 \cdot 3$ 中的 "·" 和 "×" 相同，都是表示 "乘" 的符号。

另解　题目式子 $= \sqrt{6} \times \sqrt[4]{\dfrac{24}{6}} = \sqrt{6} \times \sqrt[4]{4} = \sqrt{6} \times \sqrt[4]{2^2}$

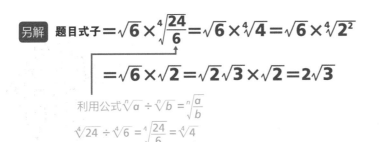

$$= \sqrt{6} \times \sqrt{2} = \sqrt{2}\sqrt{3} \times \sqrt{2} = 2\sqrt{3}$$

利用公式 $\sqrt[n]{a} \div \sqrt[n]{b} = \sqrt[n]{\dfrac{a}{b}}$

$\sqrt[4]{24} \div \sqrt[4]{6} = \sqrt[4]{\dfrac{24}{6}} = \sqrt[4]{4}$

▶ 对数

设 $a > 0$，$a \neq 1$，则对于任一正数 M，能满足 $a^p = M$ 的实数 p 只有一个。这个 p 的值以 $\log_a M$ 来表示，称为以 a 为底 M 的**对数**。其中，log 称为对数符号，M 称为这个对数的**真数**。

因为 $a^p > 0$，所以真数 M 必须为正数。

设 $a > 0$，$a \neq 1$，则 $\log_a M = p \Leftrightarrow M = a^p$

满足 $2^p = 8$ 的 p，称为以 2 为底 8 的对数，记成 $\log_2 8$。

因为 $2^3 = 8$，所以 $\log_2 8 = 3$ ◁⋯⋯以 2 为底 8 的对数是 3

$a^p = M \rightleftharpoons \log_a M = p$ 的转换

- $2^6 = 64 \rightarrow \log_2 64 = 6$

- $\log_{10} 100 = 2 \rightarrow 10^2 = 100$

- $5^{-2} = \dfrac{1}{25} \rightarrow \log_5 \dfrac{1}{25} = -2$

- $\log_8 2 = \dfrac{1}{3} \rightarrow 8^{\frac{1}{3}} = 2$

求对数的值

- $\log_3 81 = \log_3 3^4 = 4$ ◀
  $\vdash\!\!-81 = 3^4 -\!\!\dashv$

把 $\log_a M$ 变成 $\log_a a^p$ 再进行计算。

$\log_a a^p = p$

设 $x = \log_3 81$，

则由 $3^x = 81 \rightarrow 3^x = 3^4$，可求 x 的值。

- $\log_5 \dfrac{1}{125} = \log_5 \dfrac{1}{5^3} = \log_5 5^{-3} = -3$
  $\vdash\!\!-125 = 5^3 -\!\!\dashv\vdash\!\!-\dfrac{1}{5^3} = 5^{-3} -\!\!\dashv$

- $\log_{0.5} 32 = \log_{\frac{1}{2}} 2^5 = \log_{\frac{1}{2}} \left(\dfrac{1}{2}\right)^{-5} = -5$ ◀
  $\vdash\!\!-32 = 2^5 -\!\!\dashv\vdash\!\!-2^5 = \left(\dfrac{1}{2}\right)^{-5} -\!\!\dashv$

设 $\log_{0.5} 32 = x$，

则 $0.5^x = 32 \rightarrow \left(\dfrac{1}{2}\right)^x = 2^5$

亦即，$2^{-x} = 2^5$

$x = -5$

对数的性质及其计算

对数具有如下性质：

$a^0 = 1$，$a^1 = a$，因此，$\log_a 1 = 0 \quad \log_a a = 1$

依据幂的运算法则，对于正数 M、N 和实数 K，可推导出以下公式：

$$\log_a MN = \log_a M + \log_a N$$

$$\log_a \dfrac{M}{N} = \log_a M - \log_a N$$

$$\log_a M^k = k \log_a M$$

设 $\log_a M = x$，$\log_a N = y$，

则由 $M = a^x$，$N = a^y$，

可得

$MN = a^x a^y = a^{x+y}$

由此可证，

$\log_a MN = x + y$
$\qquad\quad = \log_a M + \log_a N$

$$\bullet \log_6 3 + \log_6 2 = \log_6 (2 \times 3) = \log_6 6 = 1 \quad \leftarrow \text{利用公式}$$

利用公式
$\log_a MN = \log_a M + \log_a N$。

$$\bullet \log_3 36 - \log_3 4 = \log_3 \frac{36}{4} = \log_3 9 = \log_3 3^2 = 2 \quad \leftarrow \text{利用公式}$$

利用公式
$\log_a \frac{M}{N} = \log_a M - \log_a N$。

$$\bullet \log_4 \sqrt{64} = \log_4 64^{\frac{1}{2}} = \frac{1}{2}\log_4 4^3 = \frac{3}{2} \quad \leftarrow \text{利用公式 } \log_a M^k = k\log_a M \text{。}$$

可以把以某个数为底的对数，利用右边的公式，变成以另一个数为底的对数。

对数换底公式

设 a、b、c 为正数，$a \neq 1$，$c \neq 1$，

则 $\log_a b = \dfrac{\log_c b}{\log_c a}$

设 $a \neq 1$，$b \neq 1$，则 $\log_a b = \dfrac{1}{\log_b a}$

$$\bullet \log_8 4 = \frac{\log_2 4}{\log_2 8} = \frac{\log_2 2^2}{\log_2 2^3}$$
$$= \frac{2}{3}$$

$$\bullet \log_3 6 \cdot \log_6 9 = \log_3 6 \cdot \frac{\log_3 9}{\log_3 6} = \log_3 9 = \log_3 3^2 = 2$$

变成以 3 为底的对数再进行计算。

$\log_6 9 = \dfrac{\log_3 9}{\log_3 6}$

$\dfrac{\log_2 8}{\log_2 4} = \dfrac{\log_2 2^3}{\log_2 2^2}$ $\quad$ $\dfrac{\log_2 27}{\log_2 9} = \dfrac{\log_2 3^3}{\log_2 3^2}$

$$\bullet \log_2 8 + \log_4 8 + \log_9 27 = \log_2 2^3 + \frac{\log_2 2^3}{\log_2 2^2} + \frac{\log_2 3^3}{\log_2 3^2}$$

把底变成 2 再进行计算。

$\log_4 8 = \dfrac{\log_2 8}{\log_2 4}$，$\quad \log_9 27 = \dfrac{\log_2 27}{\log_2 9}$

$$= 3 + \frac{3}{2} + \frac{3}{2} = 6$$

$\dfrac{\log_2 3^3}{\log_2 3^2} = \dfrac{3\log_2 3}{2\log_2 3} = \dfrac{3}{2}$

▶ 常用对数

以 10 为底的对数 $\log_{10} N$，称为 N 的**常用对数**。通常把正数 N 记成 $N = a \times 10^n$（$1 \leqslant a < 10$，n 为整数）。假设把这个式子的两边各取以 10 为底的对数，则

$$\log_{10} N = \log_{10}(a \times 10^n) = \log_{10} a + \log_{10} 10^n = \log_{10} a + n$$

由此可知，如果知道 $\log_{10} a$ 的值，也就知道了 $\log_{10} N$ 的值。

如果要查 $\log_{10} a$ 的值，请查阅"常用对数表"。例如，查常用对数表知 $\log_{10} 3.75 = 0.574$，则可按照下列方法，求出 $\log_{10} 3750$ 的值。

$$\log_{10} 3750 = \log_{10}(3.75 \times 10^3) = \log_{10} 3.75 + 3 = 0.574 + 3$$
$$= 3.574$$

$\log_{10} 10^3 = 3$

第 1 章 数与式

第 2 章 图形

第 3 章 方程式与函数

第 4 章 概率与统计

53

数列

依照某种规则排列的一列数称为数列。

▶ 等差数列是什么？

下面是把 1 逐次加 3 而得到的数列：

$$\overset{+3}{1,}\ \overset{+3}{4,}\ \overset{+3}{7,}\ \overset{+3}{10,}\ \overset{+3}{13,}\ \overset{+3}{16,}\ 19,\ \cdots\ ?$$

首项　第 2 项　第 3 项　第 4 项　　　　　　　　　　　　　　第 n 项

> 数列中的各个数称为项，第 1 项也称为首项，第 n 个项称为第 n 项。

> 项数有限的数列称为有限数列，项的个数称为项数，最后一项称为末项。

这个数列依照"从 1 开始，逐项加 3"的规则排列而成，也就是说，相邻两项之差为 3。像这样，如果一个数列从第 2 项起，每一项与它前一项的差等于同一个常数，则这个数列称为**等差数列**。后一项与前一项的差称为这个等差数列的**公差**，通常用字母 d 表示。上面这个数列也称为首项为 1，公差为 3 的等差数列。

等差数列的通项公式

$$\overset{\overbrace{\qquad\text{有}(n-1)\text{个}\,d\qquad}}{\overset{+d}{a_1,}\ \overset{+d}{a_2,}\ \overset{+d}{a_3,}\ \overset{+d}{\cdots,}\ \overset{+d}{a_{n-1},}\ a_n}$$

$\overset{\shortparallel}{a}$　▲ 这个数列可简写成 $\{a_n\}$。

> 首项为 a，公差为 d 的等差数列的通项公式：
>
> $$a_n = a + (n-1)d$$
>
> 若 $a=1$，$d=3$，
> 则 $a_n = 1 + (n-1) \cdot 3 = 3n-2$

$$\overset{+2}{-3,}\ \overset{+2}{-1,}\ \overset{+2}{1,}\ 3,\ \cdots$$

这个数列的首项 $a=-3$，公差 $d=2$
则 $a_n = -3 + (n-1) \cdot 2$
$\qquad = 2n - 5$

$$\overset{-4}{100,}\ \overset{-4}{96,}\ \overset{-4}{92,}\ 88,\ \cdots$$

这个数列的首项 $a=100$，公差 $d=-4$
则 $a_n = 100 + (n-1) \cdot (-4)$
$\qquad = -4n + 104$

第 3 项为 14，第 9 项为 50 的等差数列 $\{a_n\}$，设首项为 a，公差为 d，第 n 项为 a_n，则

因为 $a_3 = 14$，所以，$a + 2d = 14$ ⋯①
因为 $a_9 = 50$，所以，$a + 8d = 50$ ⋯②

> ①② 列为方程组，解之，求首项 a 和公差 d 的值。

把①和②列为方程组，解得 $a = 2$，$d = 6$

数列 $\{a_n\}$ 的第 n 项为 $a_n = 2 + (n-1) \cdot 6 = 6n - 4$

这个数列中，第一个超过 300 的项是第几项？设 $a_n > 300$，则 $6n - 4 > 300$

$n > \dfrac{304}{6} = 50.6\cdots$　满足这个条件的最小自然数 $n = 51$

由此可知，第一个超过 300 的项是第 51 项。

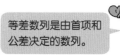

> 等差数列是由首项和公差决定的数列。

等差数列的和

设首项为 a，公差为 d，项数为 n 的等差数列 $\{a_n\}$ 的末项为 l，从首项到第 n 项的和记成 S_n。

$$S_n = \overset{a_1}{a} + \overset{a_2}{(a+d)} + \overset{a_3}{(a+2d)} + \cdots + \overset{a_{n-2}}{(l-2d)} + \overset{a_{n-1}}{(l-d)} + \overset{a_n}{l}$$

$$S_n = l + (l-d) + (l-2d) + \cdots + (a+2d) + (a+d) + a$$ 把所有加数的顺序反过来。

$$2S_n = (a+l) + (a+l) + (a+l) + \cdots + (a+l) + (a+l) + (a+l)$$

有 n 个 $(a+l)$

$$2S_n = (a+l) \cdot n \rightarrow S_n = \frac{1}{2}n(a+l)$$ l 是数列 $\{a_n\}$ 的第 n 项，所以 $l = a+(n-1)d$。把它代入前面式子。

等差数列的求和公式 $\rightarrow$ $$S_n = \frac{1}{2}n[2a+(n-1)d]$$

求等差数列的和

· 求等差数列 $\{1, 4, 7, 10, \cdots\}$ 的首项到第 20 项的和。首项 a 为 1，公差 d 为 3，$n=20$，所以

$$S = \frac{1}{2}n[2a+(n-1)d] = \frac{1}{2} \cdot 20[2 \cdot 1 + (20-1) \cdot 3] = 590$$

· 求首项为 -10，末项为 50，项数为 13 的等差数列的和。
首项 a 为 -10，末项 l 为 50，$n=13$，所以

$$S = \frac{1}{2}n(a+l) = \frac{1}{2} \cdot 13(-10+50) = 260$$

把 n、a、l 的值代入等差数列的求和公式就行了。

从等差数列的和求任意项

· 有一等差数列，从首项到第 5 项的和是 75，从首项到第 10 项的和是 300，求其任意项。设首项为 a，公差为 d，从首项到第 n 项的和为 S_n。

从首项到第 5 项的和 $$S_5 = \frac{1}{2} \cdot 5[2a+(5-1)d] = 75 \qquad \cdots ①$$

从首项到第 10 项的和 $$S_{10} = \frac{1}{2} \cdot 10[2a+(10-1)d] = 300 \qquad \cdots ②$$

整理①②，得 $a+2d=15$ $\cdots ①'$，$2a+9d=60$ $\cdots ②'$

把①'②'建立方程组并求解，可得 $a=3$，$d=6$

所以，等差数列的任意项 $a_n = a+(n-1)d = 3+(n-1) \cdot 6$
$$= 6n-3$$

等差数列的 5 个要素
首项a、公差d、项数n、末项l、总和S_n
$\blacktriangleright$ 已知其中的 **3个要素** $\blacktriangleright$ 利用
$$l = a+(n-1)d$$
$$S_n = \frac{1}{2}n(a+l)$$
$\blacktriangleright$ 可求其余的 **2个要素**

▶ 等比数列是什么？

下面是把 2 逐次乘 3 而得到的数列：

$$\overset{\times 3}{}\ \overset{\times 3}{}\ \overset{\times 3}{}\ \overset{\times 3}{}\ \overset{\times 3}{}$$

2, 6, 18, 54, 162, 486, ⋯?

首项　　第 2 项　　第 3 项　　　　　　　　　　　　　　　　　第 n 项

这个数列依照"从 2 开始，逐项乘 3"的规则排列而成。像这样，如果一个数列从第 2 项开始，每一项与它前一项的比等于同一个常数，则这个数列称为**等比数列**。这个常数称为这个等比数列的**公比**，公比通常以字母 q 表示。上面这个数列也称为首项为 2、公比为 3 的等比数列。

等比数列的通项公式

$$\overset{a_1}{\vdots}\quad \overset{a_2}{\vdots}\quad \overset{a_3}{\vdots}\qquad\qquad \overset{a_{n-1}}{\vdots}\quad \overset{a_n}{\vdots}$$

$$a,\ aq,\ aq^2,\ \cdots,\ aq^{n-2},\ aq^{n-1}$$

$$\underset{\times q}{}\ \underset{\times q}{}\ \underset{\times q}{}\ \underset{\times q}{}\ \underset{\times q}{}$$

有（$n-1$）个 q

> 首项为 a，公比为 q 的等比数列的通项公式：
>
> $$a_n = aq^{n-1}$$
>
> 等比数列是由首项和公比决定的数列。

3, 6, 12, 24, ⋯
$$\underset{\times 2}{}\ \underset{\times 2}{}\ \underset{\times 2}{}$$

这个数列的首项 $a = 3$，公比 $q = 2$
则 $a_n = 3 \cdot 2^{n-1}$

$-4,\ 2,\ -1,\ \dfrac{1}{2},\ \cdots$
$$\underset{\times(-\frac{1}{2})}{}\ \underset{\times(-\frac{1}{2})}{}\ \underset{\times(-\frac{1}{2})}{}$$

这个数列的首项 $a = -4$，公比 $q = -\dfrac{1}{2}$
则 $a_n = -4 \cdot \left(-\dfrac{1}{2}\right)^{n-1}$

$5,\ -5,\ 5,\ -5,\ \cdots$
$$\underset{\times(-1)}{}\ \underset{\times(-1)}{}\ \underset{\times(-1)}{}$$

这个数列的首项 $a = 5$，公比 $q = -1$
则 $a_n = 5 \cdot (-1)^{n-1}$

第 2 项为 12，第 4 项为 192 的等比数列 $\{a_n\}$，设首项为 a，公比为 q，第 n 项为 a_n，则

因为 $a_2 = 12$，所以 $aq = 12$　　… ①

因为 $a_4 = 192$，所以 $aq^3 = 192$　　… ②　→　$aq \cdot q^2 = 192$ …②'

把①代入②'，$12 \cdot q^2 = 192$，$q^2 = 16$，$q = \pm 4$

（ⅰ）若 $q = 4$，

代入①，可得 $a = 3$

数列 $\{a_n\}$ 的第 n 项 $a_n = 3 \cdot 4^{n-1}$

（ⅱ）若 $q = -4$，

代入①，可得 $a = -3$

数列 $\{a_n\}$ 的第 n 项 $a_n = -3 \cdot (-4)^{n-1}$

> 因为 $q^0 = 1$，
> $a_1 = aq^0 = a_0$

等比数列的和

首项为 a，公比为 q 的等比数列，从首项到第 n 项的和记为 S_n。

$$S_n = a + aq + aq^2 + \cdots + aq^{n-2} + aq^{n-1} \qquad \cdots ①$$

把①的两边乘 q
$$qS_n = aq + aq^2 + aq^3 + \cdots + aq^{n-1} + aq^n \qquad \cdots ②$$

① － ②
$$(1-q)S_n = a - aq^n$$

若 $1-q \neq 0$，亦即 $q \neq 1$，则可推导出等比数列的求和公式。

等比数列的求和公式

当q<1时 ⌐ ⌐ 当q>1时

$$S_n = \frac{a - aq^n}{1-q} = \frac{a(1-q^n)}{1-q} \quad \text{或} \quad S_n = \frac{a(q^n-1)}{q-1}$$

当 $1-q=0$，亦即 $q=1$ 时，则 $S_n = na$

把 $\frac{a(1-q^n)}{1-q}$ 的分母和分子同时乘-1的式子

求等比数列的和

· 一等比数列的首项为 2，公比为 3，求从首项到第 n 项的和 S_n。

$$S_n = 2 + 6 + 18 + \cdots + 2 \cdot 3^{n-1} = \frac{2(3^n - 1)}{3-1} = 3^n - 1$$

← 把 $a=2$、$q=3$ 代入
$S_n = \frac{a(q^n-1)}{q-1}$ 进行计算。

· 一等比数列的首项为 1，公比为 -2，项数为 6，求其和 S_n。

把 $a=1$，$q=-2$，$n=6$ 代入 $S_n = \frac{a(1-q^n)}{1-q}$

$$S_6 = \frac{1[1-(-2)^6]}{1-(-2)} = -\frac{63}{3} = -21$$

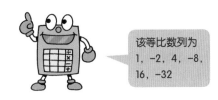

该等比数列为
1，-2，4，-8，
16，-32

从等比数列的和求首项及公比

· 有一等比数列，从首项到第 3 项的和是 52，从第 2 项到第 4 项的和是 156，求其首项 a 及公比 q。

从首项到第 3 项的和是 52，所以，
$$a + aq + aq^2 = 52 \qquad \cdots ①$$

从第 2 项到第 4 项的和是 156，所以，
$$aq + aq^2 + aq^3 = 156$$
$$q(a + aq + aq^2) = 156 \qquad \cdots ②$$

从等式左边提取一个 q。

把①代入②，
$$52q = 156$$
$$q = 3$$

把 $q=3$ 代入①，
$$a + 3a + 9a = 52, \quad 13a = 52$$
$$a = 4$$

*像上面这样，当根据等比数列的和求首项 a 及公比 q 时，如果和的项数较少，也可以不利用等比数列的求和公式，直接以各项相加的形式表示，再建立 a 和 q 的方程组，便可求出 a 和 q 的值。

十进制计数法与二进制计数法

我们日常生活中使用的数都是采用从 0 到 9 这 10 个数字，依据**十进制计数法**来表示的。十进制数的数位从右向左分别为个位、十位、百位、千位、万位……每一位都代表其右边一位的 10 倍。

也就是说，这个数的表示方法，是使用 0 到 9 的数字记下各数位上的数值，每凑满 10 就往左进一位，即我们常说的"逢十进一"。例如，以十进制计数法表示

$$1258 = 1 \times 1000 + 2 \times 100 + 5 \times 10 + 8 \times 1$$
$$= 1 \times 10^3 + 2 \times 10^2 + 5 \times 10^1 + 8 \times 10^0$$

千位　　　百位　　　十位　　　个位

* $10^0 = 1$，$2^0 = 1 \Rightarrow n^0 = 1$

的 1258，是从右向左以 10^0、10^1、10^2、10^3 为基准，记成的各数位之和。因此，采取十进制计数法十分简单明了。

相对地，电脑内部则只使用 0、1 两个数字，采用**二进制**来表示数。因为通过把 0、1 这两个数字与电压的低、高，或电流的通、断等状态相互对应，可以简单地将数值用电压或电流的状态来表示。二进制计数法是使用数字最少的计数法，但和十进制计数法一样，不论多大的数都能利用二进制计数法表示。

十进制计数法是以 10 的乘方为基准来表示数的方法。二进制计数法是"逢二进一"，因此可以说，是以 2 的乘方为基准来表示数的方法。

以二进制计数法表示的二进制数，一般记成像 $11101_{(2)}$ 这样。如果把 $11101_{(2)}$ 改为十进制数，则如下所示：

$$11101_{(2)} = 1 \times 2^4 + 1 \times 2^3 + 1 \times 2^2 + 0 \times 2^1 + 1 \times 2^0$$
$$= 16 + 8 + 4 + 0 + 1 = 29$$

二进制数的数位从右向左分别以 2^0、2^1、2^2、2^3……为基准。

把十进制数 13 改为二进制数，则如下所示：

$$13 = 6 \times 2 + 1 = (4 + 2) \times 2 + 1$$
$$= (2^2 + 2) \times 2 + 1 = 2^3 + 2^2 + 1$$
$$= 1 \times 2^3 + 1 \times 2^2 + 0 \times 2^1 + 1 \times 2^0$$
$$= 1101_{(2)}$$

把 13 逐次除以 2，再把最后的商和各次的余数以相反顺序排列，记成 $1101_{(2)}$。

二进制数的运算

```
  1 1 1
    1 1 1
 +  1 0 1
 --------
  1 1 0 0
```
▲各数位的和满 2 就进到前一位。

```
  1 0 1 1
 -  1 0 1
 --------
    1 1 0
```
▲由右算起第三位不够减，从前一位（第四位）借 1，到第三位变成 2，再进行计算。

```
      1 0 1
 ×     1 1
 --------
      1 0 1
    1 0 1
 --------
    1 1 1 1
```

```
         1 1
    11)1 0 0 1
       1 1
       ----
         1 1
         1 1
         ----
          0
```

$111_{(2)} = 7$	$1011_{(2)} = 11$	$11_{(2)} = 3$	$1001_{(2)} = 9$
$101_{(2)} = 5$	$110_{(2)} = 6$	$1111_{(2)} = 15$	$1100_{(2)} = 12$

图形

第 **2** 章

我们的周围充满了各种形状的物品。每种形状都可依据某些规则而归入某种"图形"。在本章，我们将从三角形和四边形入手，讨论各种图形，并且介绍图形所具有的不可思议的魅力。

图形

由点、线、面等集合所构成的形状。

▶ 图形是什么?

　　建筑物、交通工具、食物、学习用具等都有各种各样的形状。把具体物品的形状进行抽象化处理，就形成了图形。

　　图形分为**平面图形**和**空间图形**(立体图形)。三角形、四边形、圆形等为平面图形，棱柱、圆柱等为空间图形(立体图形)。

各种形状

三角形　由不在同一直线上的三条线段顺次首尾相连围成的闭合平面图形。

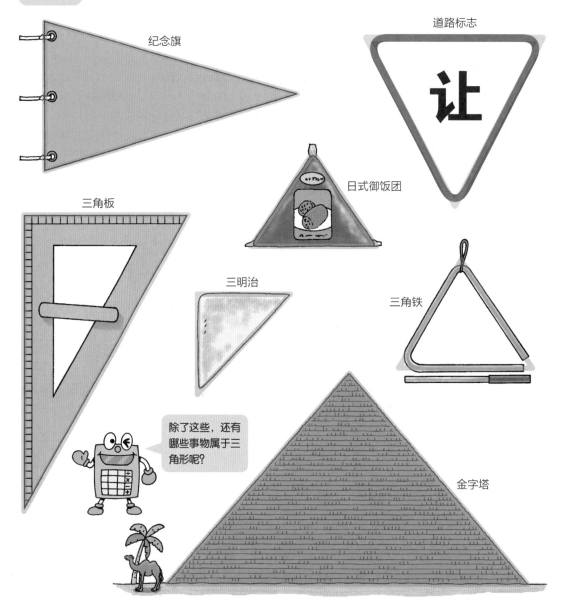

纪念旗

道路标志

让

日式御饭团

三角板

三明治

三角铁

除了这些，还有哪些事物属于三角形呢?

金字塔

四边形 由不在同一直线上的四条线段依次首尾相接围成的闭合平面图形。

电视机

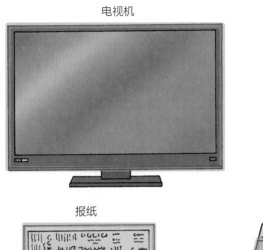

缆车

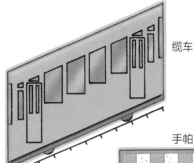

手帕

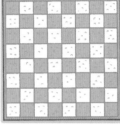

报纸

跳箱

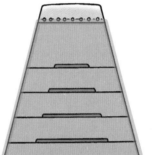

切片面包

圆形 一种平面图形，指平面中到一个定点距离为定值的所有点的集合。

光盘

煎饼

盘子

棱柱 有两个面互相平行，其余各面都是四边形，并且每两个相邻四边形的公共边都互相平行，由这些面所围成的几何体叫作棱柱。

巧克力棒
（三棱柱）

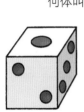

骰子（正方体）

抽纸盒（长方体）

*棱柱分为三棱柱、四棱柱（长方体、正方体）等。

圆柱 由平面和曲面围成的空间图形。

罐头

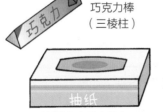

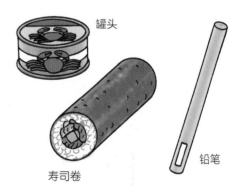

寿司卷

铅笔

直线与角

直线是笔直而无限延伸的线。
角是具有公共端点的两条射线组成的图形。

▶ 直线

通过一点的直线有无数条，但通过两点的直线只有一条。通过点 A、点 B 往两个方向延伸的直线称为直线 AB。

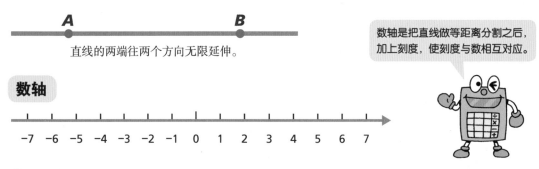

直线的两端往两个方向无限延伸。

> 数轴是把直线做等距离分割之后，加上刻度，使刻度与数相互对应。

数轴

-7 -6 -5 -4 -3 -2 -1 0 1 2 3 4 5 6 7

▶ 线段

夹在直线上的两点之间的部分。设一条线段的两个端点分别为点 A 和点 B，则该线段称为线段 AB。

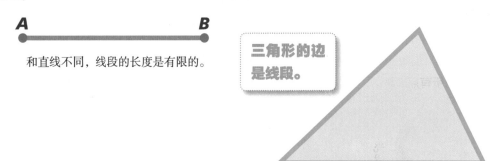

和直线不同，线段的长度是有限的。

> 三角形的边是线段。

▶ 射线

将线段的一端固定，另一端向外无限延伸而得到的图形。从点 A 往点 B 的方向延伸的射线，称为射线 AB。从点 B 往点 A 的方向延伸的射线，则称为射线 BA。

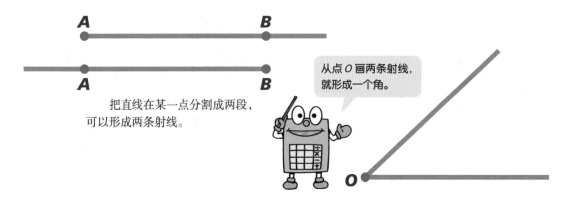

把直线在某一点分割成两段，可以形成两条射线。

> 从点 O 画两条射线，就形成一个角。

▶ 角

角是由具有公共端点的两条射线组成的图形，也可以说成是由一条射线绕着它的端点从一个位置旋转到另一个位置所形成的图形。

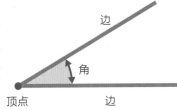

边
角
顶点   边

角的大小以角度表示，符号为"°"，记成如 30°。

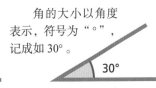

30°

各种角

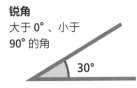

锐角
大于 0°、小于 90° 的角

30°

直角
90° 的角

90°

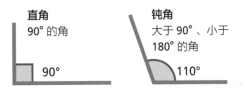

钝角
大于 90°、小于 180° 的角

110°

> 大于 0°、小于 180° 的角分成锐角、直角、钝角3种。

▶ 垂直

当两条直线相交而形成直角时，称这两条直线垂直。直线相交的点称为交点。

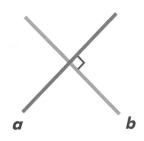

a

b

> ⌐ 为表示直角的符号。直线 *a*、*b* 垂直时，记成 *a*⊥*b*。

▶ 平行

在同一平面内，两条直线同时与另一条直线垂直时，称这两条直线平行。两条平行的直线永远不会相交。

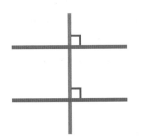

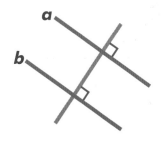

a

b

> 直线 *a*、*b* 平行时，记成 *a*∥*b*。

找找看，哪些直线是垂直或平行关系？

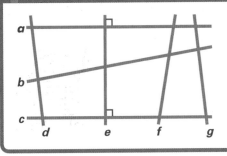

a

b

c

d   *e*   *f*   *g*

> 直线 *a* 和直线 *e* 垂直，直线 *c* 和直线 *e* 也垂直。直线 *a* 和直线 *c* 平行。使用符号，记成 *a*⊥*e*、*c*⊥*e*、*a*∥*c*。

直尺、三角板、圆规、量角器

绘制图形、测量长度和角度都需要这些工具。

▶ 直尺的使用方法

测量长度 （把直尺的 0 刻度线对准测量对象的一端。）

● 测量笔记本的宽度。

刻度 0

● 测量边的长度。

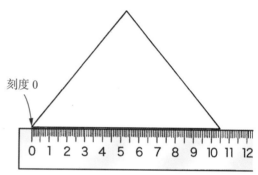

刻度 0

画线

● 画一条通过点 **A** 和点 **B** 的直线。

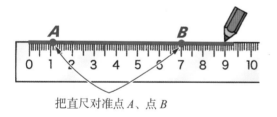

把直尺对准点 A、点 B

● 画长度为 **6cm** 的线段。

刻度 0　　　刻度 6

两条线段中哪一条比较长?

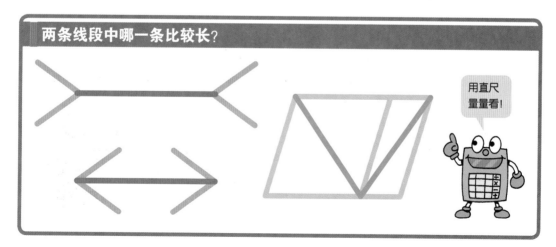

用直尺量量看!

▶ 三角板的使用方法

利用两块三角板可以画出垂直的直线和平行的直线。

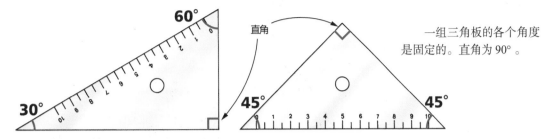

一组三角板的各个角度是固定的。直角为 90°。

画垂直的直线

● 画出通过点 **A**，垂直于直线 **a** 的直线。

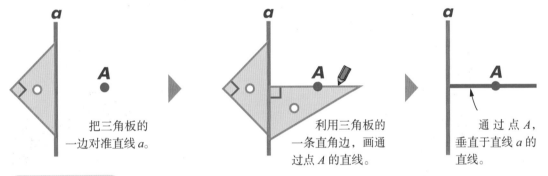

把三角板的
一边对准直线 a。

利用三角板的
一条直角边，画通
过点 A 的直线。

通过点 A，
垂直于直线 a 的
直线。

画平行的直线

● 画出通过点 **B**，平行于直线 **b** 的直线。

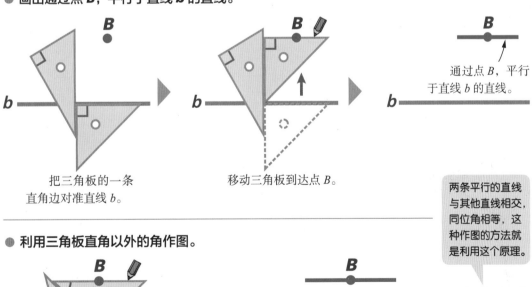

把三角板的一条
直角边对准直线 b。

移动三角板到达点 B。

通过点 B，平行
于直线 b 的直线。

两条平行的直线
与其他直线相交，
同位角相等，这
种作图的方法就
是利用这个原理。

● 利用三角板直角以外的角作图。

b

B

b

把三角板放在这里，
往箭头指示的方向移动。

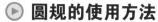

▶ 圆规的使用方法

圆规可以用来画圆、等分线段、复制长度等。

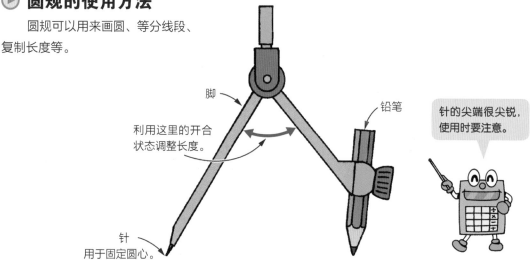

脚

利用这里的开合状态调整长度。

铅笔

针
用于固定圆心。

针的尖端很尖锐，使用时要注意。

画圆

● 画一个半径为 **3cm** 的圆。

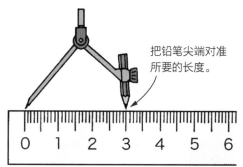

把铅笔尖端对准所要的长度。

使用直尺，将圆规两脚之间的距离调整至所需的半径长度。

确定圆心的位置，把圆规的针轻轻扎在圆心处。用铅笔在纸上画一圈。

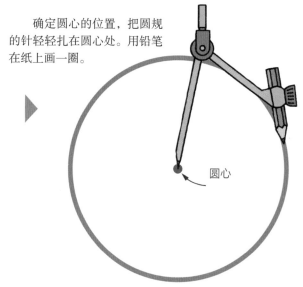

圆心

复制长度

● 可以把折线 *a* 的长度复制在直线 *b* 上，以便测量它的长度。

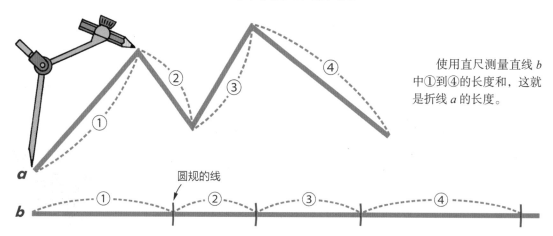

使用直尺测量直线 *b* 中①到④的长度和，这就是折线 *a* 的长度。

a

圆规的线

b

▶ 量角器的使用方法

量角器用来测量角度，或画出某个角度的角。

（下面量角器的图中，省略了较小的 1° 的刻度。）

测量角度

● 测量角 **1** 的角度。

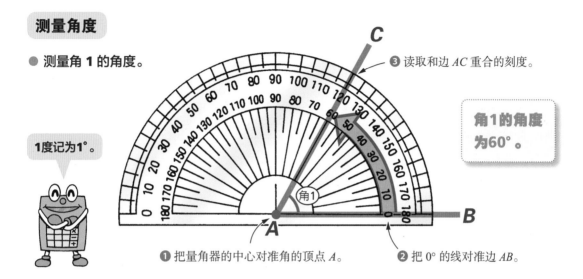

❸ 读取和边 AC 重合的刻度。

1度记为1°。

> 角1的角度
> 为60°。

❶ 把量角器的中心对准角的顶点 A。

❷ 把 0° 的线对准边 AB。

读取量角器外侧的刻度。

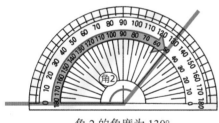

角 2 的角度为 130°。

角的边较短时，先把边延长，再按照上面的方法测量。

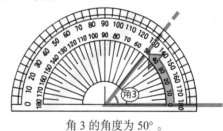

角 3 的角度为 50°。

画角

● 画一个 **50°** 的角。

❶ 画边 AB。

A ━━━━━ B

❹ 画通过点 A、点 C 的射线。

❸ 在刻度 50° 的位置取点 C。

❷ 把量角器的中心对准点 A，把 0° 的线对准边 AB。

50°

A ━━━━━ B

作图

使用直尺和圆规，画出符合条件的直线、角及图形等，称为作图。

请拿一张纸折折看，把一个角二等分。

对折

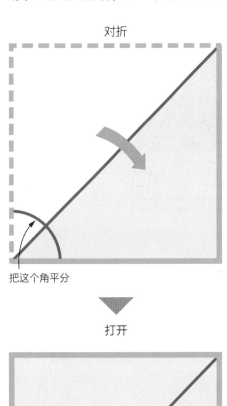

把这个角平分

打开

角度相等

对折

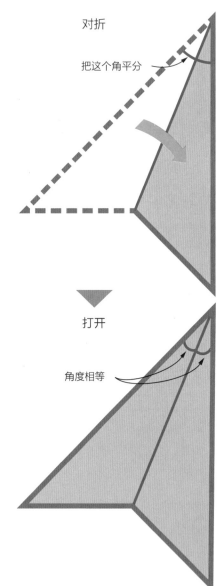

把这个角平分

打开

角度相等

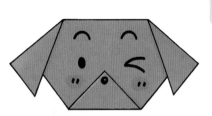

如果不把纸对折，要怎么做，才能把角平分呢？

▶ 角的平分线是什么?

通过角的顶点并把角二等分的射线，称为角的平分线。

角 XOY 可以使用符号记为

$$\angle XOY$$

∠XOY 的平分线是射线 OA，以式子表示为

$$\angle XOA = \angle YOA = \frac{1}{2}\angle XOY$$

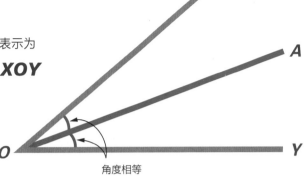

角度相等

角的平分线作图

● 作∠XOY 的平分线。(∠XOY 为锐角时。)

1. 使用圆规，以点 O 为圆心画圆，分别与边 OX、边 OY 相交于点 A、点 B。

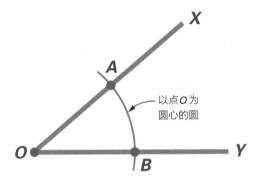

以点O为圆心的圆

2. 分别以点 A、点 B 为圆心，画两个半径相等的圆，相交于点 C。

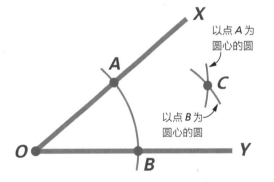

以点 A 为圆心的圆

以点 B 为圆心的圆

3. 画连接点 O 与点 C 的射线。

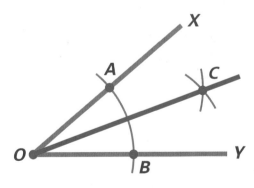

这就是∠XOY 的平分线 OC。

∠XOY 为钝角时的平分线作图

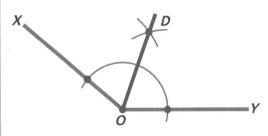

作图的方法和锐角的相同。∠XOY 的平分线为 OD。

大于 0° 且小于 90° 的角称为锐角，大于 90° 且小于 180° 的角称为钝角。

▶ 垂线是什么?

和一条直线垂直相交的直线称为垂线。

垂线的作图

● **过直线外的点 A 向直线 XY 作垂线。**

1. 用圆规以点 A 为圆心画圆,与直线 XY 交于点 B、点 C。

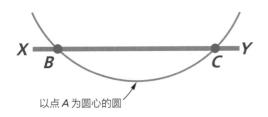

以点 A 为圆心的圆

2. 分别以点 B、点 C 为圆心,画两个半径相等的圆,相交于点 D。

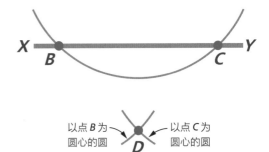

以点 B 为圆心的圆 以点 C 为圆心的圆

3. 画连接点 A 和点 D 的直线 AD。

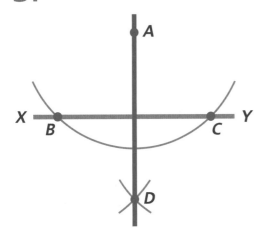

这就是直线 XY 的垂线 AD。

垂线是垂直线的简称。

● **过直线上的点 A 向直线 XY 作垂线。**

请想想看,当 $\angle XAY = 180°$ 时,如何作角的平分线。

运用前面学过的作角的平分线的方法,便可以作过直线上点 A 的垂线 AD。

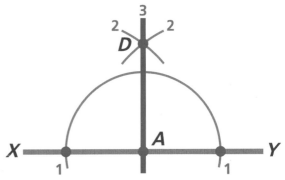

▶ 垂直平分线是什么?

经过一条线段的中点（正中央的点）且垂直于这条线段的直线，称为垂直平分线，也称为中垂线。

垂直平分线的作图

● 作线段 *AB* 的垂直平分线。

1. 用圆规以线段 *AB* 的点 *A* 为圆心画圆。

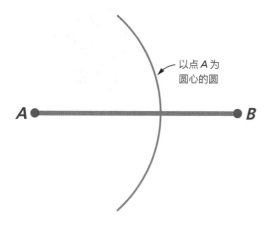

以点 *A* 为
圆心的圆

2. 以点 *B* 为圆心，画一个半径与前面的圆相等的圆。两个圆相交于点 *C*、点 *D*。

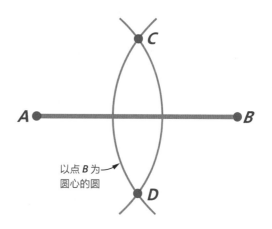

以点 *B* 为
圆心的圆

3. 画连接交点 *C* 和交点 *D* 的直线。

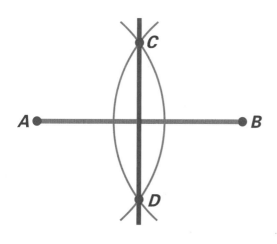

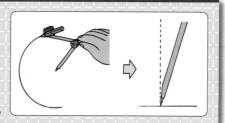

直线 *CD* 为线段 *AB* 的垂直平分线。

不必使用量角器，也能画出垂直平分线。

使用圆规作图的要点

· 插在圆心的针不可以移动。

· 确定半径之后，两脚的距离不能再变。

· 作图时，不要抓着圆规脚，只需捏着把手即可。

· 转动圆规时，应依顺时针方向旋转，规身可略微倾斜。

三角形

在同一平面内，由不在同一条直线上的三条线段首尾相接所得的封闭图形，称为三角形。

▶ 三角形是什么？

三角形是由三条线段（边）构成的多边形。

三角形有三条边、三个角、三个顶点。

像下面这样的图形，顶点分离，或边弯曲，都不是三角形。

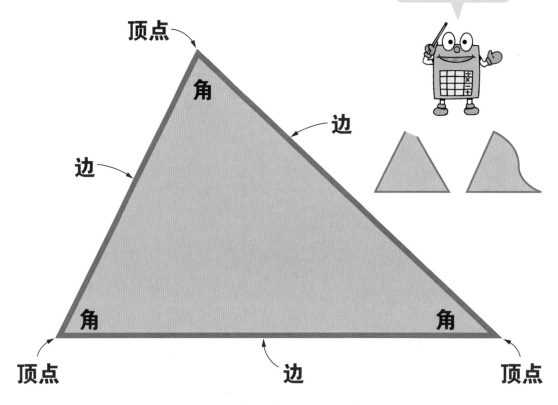

> **边：** 构成多边形的每一条线段。
>
> **顶点：** 两条边相交的点。
>
> **角：** 从一个顶点延伸出去的两条边构成的夹角。

三角形的表示方法

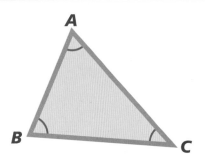

假设三角形的各个顶点分别为 A、B、C，则该三角形可使用符号记为 △ABC。△ABC 读作三角形 ABC。

∠A 也可记作∠BAC 或∠CAB。

∠B 也可记作∠ABC 或∠CBA。

∠C 也可记作∠ACB 或∠BCA。

▶ 各种三角形

等腰三角形

● 有两条边的长度相等的三角形。

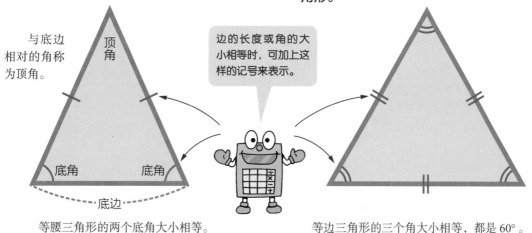

与底边相对的角称为顶角。

边的长度或角的大小相等时，可加上这样的记号来表示。

等腰三角形的两个底角大小相等。

等边三角形

● 三条边的长度都相等的三角形，又称正三角形。

等边三角形的三个角大小相等，都是 60°。

直角三角形

● 有一个角是直角的三角形。

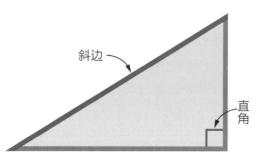

直角三角形中，与直角相对的边称为斜边，斜边是最长的边。

锐角三角形

● 三个角都小于 90° 的三角形。

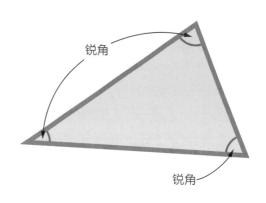

等腰直角三角形

● 有一个角是直角，且两条直角边相等的三角形。

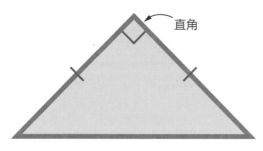

钝角三角形

● 有一个角大于 90°、小于 180° 的三角形。

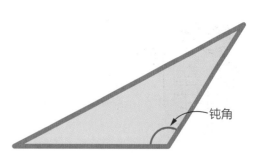

▶ 三角形的内角

三角形内侧的角称为内角。一个三角形有 3 个内角。

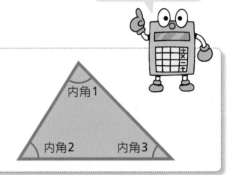

内角和是所有内角相加的角度总和。

三角形的内角和

三角形三个内角的和为180°

内角1＋内角2＋内角3＝180°

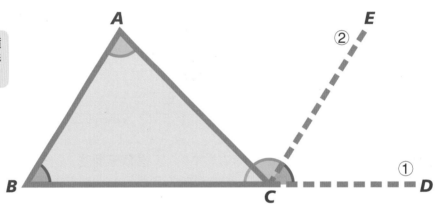

利用平行线的性质来思考一下三角形的内角和!

画出△*ABC* 的边 *BC* 的延长线 *CD*。 …①

画出通过点 *C* 并与边 *BA* 平行的射线 *CE*。 …②

根据平行线的内错角、同位角的关系可知:

$$∠A＝∠ACE（内错角）$$

$$∠B＝∠ECD（同位角）$$

△*ABC* 的内角和为

$$∠A＋∠B＋∠C$$

$$＝∠ACE＋∠ECD＋∠ACB$$

$$＝180°$$

所以，△*ABC* 的内角和为 180°。

任何形状的三角形的内角和都是 180°。

平行线的性质

● **若两条直线平行，则同位角、错角相等。**

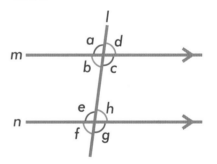

（直线加上符号"＞"，表示两条直线平行。）

　　上图中，∠*a* 和 ∠*e*、∠*b* 和 ∠*f*、∠*c* 和 ∠*g*、∠*d* 和 ∠*h* 属于同位角。∠*b* 和 ∠*h*、∠*c* 和 ∠*e* 属于内错角，∠*a* 和 ∠*g*、∠*d* 和 ∠*f* 属于外错角。

● **两条直线相交时，对顶角相等。**

　　上图中，∠*a* 和 ∠*c*、∠*b* 和 ∠*d*、∠*e* 和 ∠*g*、∠*f* 和 ∠*h* 属于对顶角。

▶ 三角形的外角

三角形的一条边的延长线和它相邻的边所形成的角，称为外角。一个三角形有 6 个外角。

三角形的外角和内角的关系

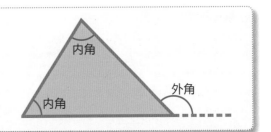

三角形的一个外角
等于不与其相邻的两个内角之和

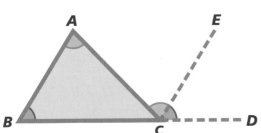

画出 △ABC 的边 BC 往 C 的方向延长的直线 BCD。画出通过点 C 与边 BA 平行的射线 CE。

根据平行线的内错角、同位角的关系推出：

$$\angle A = \angle ACE，\ \angle B = \angle ECD$$
$$\angle ACD = \angle ACE + \angle ECD$$
$$= \angle A + \angle B$$

所以，三角形的一个外角等于不与其相邻的两个内角之和。

三角形的外角和

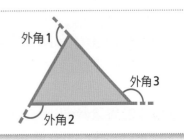

三角形的外角和为360°
外角1＋外角2＋外角3＝360°

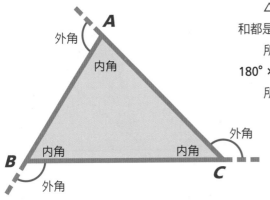

△ABC 的顶点 A、B、C 的内角及其相邻外角的和都是 180°。

所以，三个顶点的全部内角及外角之和一共是 180°×3＝540°。

所以，三个外角的和是 540°－180°＝360°。

一个内角及与其相邻的外角之和是 180°。

▶ 三角形的面积

图形表面的大小称为面积。面积通常以 cm² （平方厘米）、m² （平方米）等单位来表示，上标"2"意为平方，表示两个长度相乘。求算面积时，要先把边长的单位统一后再进行计算。

三角形的面积公式

三角形的面积＝底边×高÷2

△ABC 中，如果从顶点 A 画垂直于边 BC 的线段 AD，则边 BC 称为底边，线段 AD 称为高。

底边是与顶点相对的边。

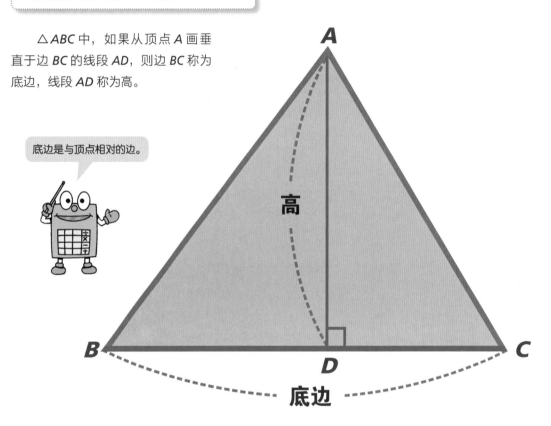

三角形的底边和高

● 若把三角形不同的边作为底边，则高也不同。

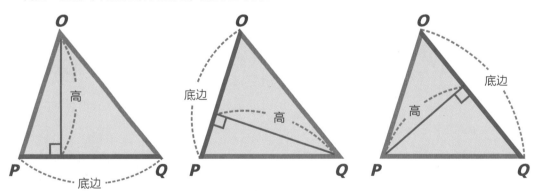

只要知道三角形的底边和高的值，即可求得面积。上面的图中，虽然△OPQ 的底边和高各不相同，但计算出的面积都相同。

借助长方形来思考三角形的面积

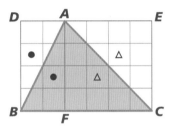

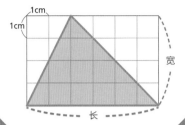

长方形 *DBCE* 的宽等于三角形的高，长等于底边的长度。

$$\left(\begin{array}{l}\triangle ADB \text{ 和} \triangle BFA、\\ \triangle AFC \text{ 和} \triangle CEA\\ \text{的面积分别相等。}\end{array}\right)$$

三角形的面积是长方形 *DBCE* 的一半，$6 \times 4 \div 2 = 12$，即面积为 $12cm^2$。

把上半段的三角形分成两个，拼成长方形 *HIJK*，则长方形 *HIJK* 的宽等于三角形高的一半，长等于底边的长度。

三角形的面积等于长方形 *HIJK*，$6 \times (4 \div 2) = 12$，即面积为 $12cm^2$。

求三角形的面积

● 把底边和高的值代入三角形的面积公式进行计算。

底边为6cm、高为5cm 的三角形的面积是 $6 \times 5 \div 2 = 15$，即 $15cm^2$。

底边为12cm、高为9cm 的三角形的面积是 $12 \times 9 \div 2 = 54$，即 $54cm^2$。

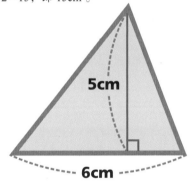

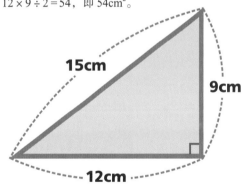

（高位于三角形外侧的情况）

底边为3cm、高为8cm 的三角形的面积是 $3 \times 8 \div 2 = 12$，即 $12cm^2$。

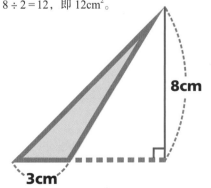

把底边延长，借助延长线测量高。

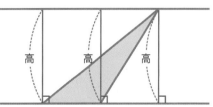

四边形

由不在同一直线上的四条线段依次首尾相接围成的封闭的平面图形。

▶ 四边形是什么?

四边形是由同一平面内的四条线段(边)构成的多边形。四边形有四条边、四个角、四个顶点。

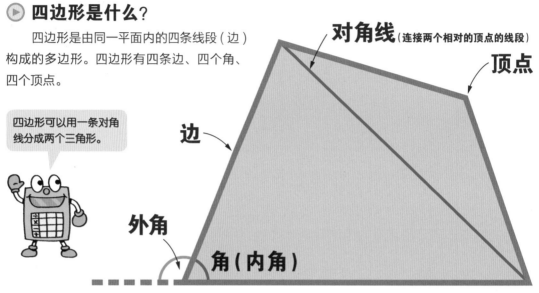

> 四边形可以用一条对角线分成两个三角形。

对角线(连接两个相对的顶点的线段)

顶点

边

外角

角(内角)

外角与内角的和是 180°。

四边形的关系

四边形有许多种类,分别依照四条边的位置、长度及以角的大小进行分类。

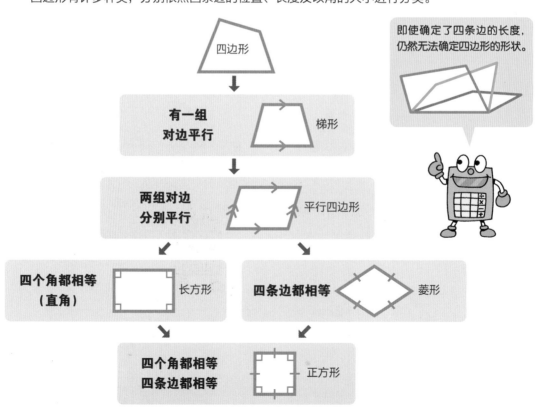

四边形

有一组对边平行 → 梯形

两组对边分别平行 → 平行四边形

四个角都相等(直角) → 长方形

四条边都相等 → 菱形

四个角都相等四条边都相等 → 正方形

> 即使确定了四条边的长度,仍然无法确定四边形的形状。

各种四边形

梯形

● 有一组对边平行的四边形。

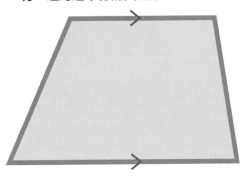

- 只有一组对边平行。平行的边称为底，上面的底称为上底，下面的底称为下底。

平行四边形

● 两组对边分别平行的四边形。

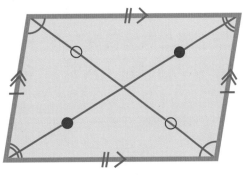

- 两组对边、两组对角分别相等。
- 对角线相交于各自的中点。

长方形

● 四个角都相等的四边形。

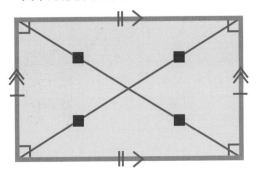

- 四个角都是直角。
- 两组对边分别平行且相等。
- 对角线相等，且相交于各自的中点。

菱形

● 四条边都相等的四边形。

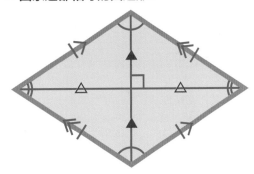

- 两组对角分别相等。
- 两组对边分别平行且相等。
- 对角线垂直相交于各自的中点。

正方形

● 四个角都相等，且四条边都相等的四边形。

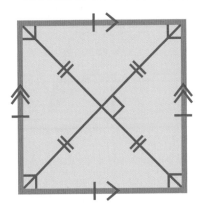

- 四个角都是直角。
- 两组对边分别平行且相等。
- 对角线相等，且垂直相交于各自的中点。

在四边形中，相对的边称为对边，相对的角称为对角。中点是把线段平分成两部分的点。另外，●、○、▲、△、■等符号表示线段长度相等。

▶ 四边形的内角

四边形也有内角和外角。内侧的角称为内角，一共有 4 个。

四边形的内角和

四边形的内角和为360°
内角1＋内角2＋内角3＋内角4＝360°

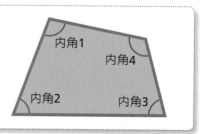

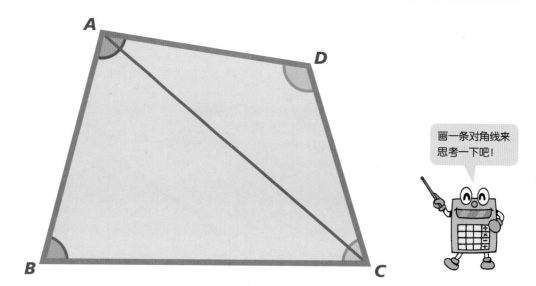

在四边形 ABCD 中画对角线 AC，将四边形分为△ABC 和△ACD 两个三角形。

三角形的内角和为180°

所以，△ABC 的内角和是 180°，△ACD 的内角和也是 180°。

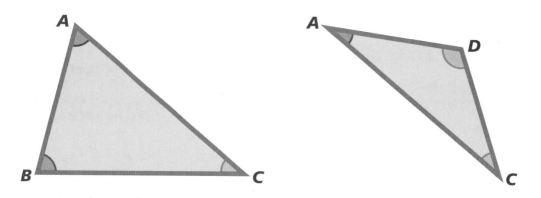

四边形 ABCD 的内角和等于△ABC 与△ACD 的内角和相加。

180° + 180° = 360°

所以，四边形 ABCD 的内角和为 360°。

▶ 四边形的外角

四边形的任一条边的延长线及其邻边所形成的夹角，称为外角。一个四边形有 8 个外角。任意一个内角及与其相邻的外角之和为 180°。

四边形的外角和

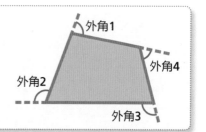

四边形的外角和为360°
外角1＋外角2＋外角3＋外角4＝360°

画两条平行线来辅助思考吧！

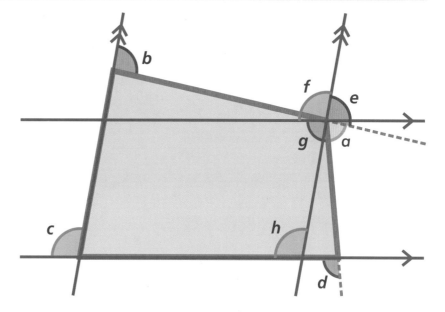

因为平行线的同位角相等，所以∠b和∠e、∠d和∠g分别相等。

又∠c和∠h、∠h和∠f也是同位角，所以∠c和∠f相等。

∠a、∠b、∠c、∠d都是四边形的外角，所以四边形的外角和是

$$\angle a + \angle b + \angle c + \angle d = \angle a + \angle e + \angle f + \angle g = 360°$$

因此，四边形的外角和为 360°。

通过四边形的内角和求外角和。

我们利用"四边形的内角和为 360°"这一知识点，也可以求出外角和。四边形的一个内角及其相邻外角之和是 180°。

所以，四个内角及其相邻外角的和一共是

180°×4＝720°

四边形的内角和为 360°，所以四个外角的和是

720°－360°＝360°

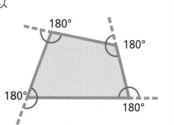

▶ 四边形的面积

图形表面的大小称为面积。

不同种类的四边形，其面积公式也不同。

长方形的面积公式

> **长方形的面积＝长×宽**

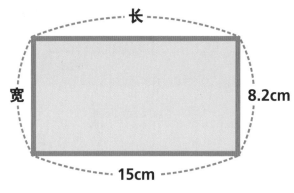

求面积

　长 15cm，宽 8.2cm，所以长方形的面积是 $15 \times 8.2 = 123$，即 $123cm^2$。

正方形的面积公式

> **正方形的面积＝边长×边长**

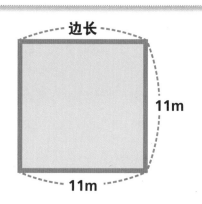

求面积

　边长为 11m，所以正方形的面积是 $11 \times 11 = 121$，即 $121m^2$。

平行四边形的面积公式

> **平行四边形的面积＝底边×高**

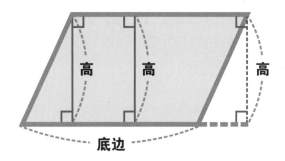

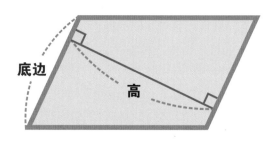

　平行四边形之中，设定任一边为**底边**，则底边和与其平行的对边之间的垂直线段称为**高**。底边确定后，高也随之确定。

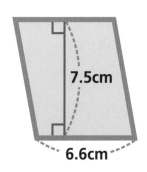

求面积

　底边为 6.6cm，高为 7.5cm，所以左边的平行四边形的面积是 $6.6 \times 7.5 = 49.5$，即 $49.5cm^2$。

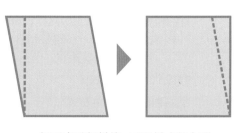

切下来重新拼接，可以拼成长方形。

梯形的面积公式

梯形的面积＝（上底＋下底）×高÷2

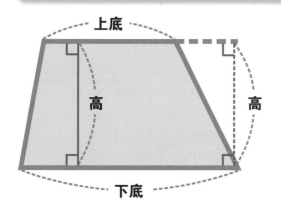

梯形之中，平行的两条边称为**上底**和**下底**。
上底和下底之间的垂直线段称为**高**。

借助平行四边形来思考梯形的面积。

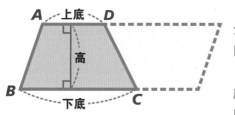

如图，把梯形 *ABCD* 和另一个与其全等的梯形拼在一起，可形成一个平行四边形。

这个平行四边形的底边长度为（上底＋下底），高度和梯形的高相同。所以，平行四边形的面积＝底边×高＝（上底＋下底）×高。所以，梯形 *ABCD* 的面积是（上底＋下底）×高÷2。

形状和大小
完全相同的
图形，称为
全等的图形。

菱形的面积公式

菱形的面积＝两对角线乘积÷2

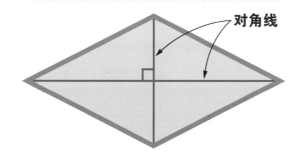

对角线

菱形四条边的长度相等。只要知道对角线的长度，就可以把它变成长方形来计算面积。

●、○、▲、
△等符号表示
面积相等。

借助长方形来思考菱形的面积。

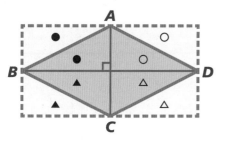

如图，画一个通过菱形 *ABCD* 的四个顶点的长方形，使长方形的长等于 *BD*，宽等于 *AC*。

长方形的面积＝长×宽＝*BD* × *AC*
所以，菱形 *ABCD* 的面积是
对角线 *BD* ×对角线 *AC* ÷2。

轴对称图形与中心对称图形

对称图形主要有轴对称图形和中心对称图形两种。

▶ 什么是轴对称图形？

　　如果一个平面图形可以被一条直线平分成两部分，并且以这条直线为折痕进行对折时，折痕两侧的部分会完全重合，则这个图形称为**轴对称图形**，这条直线称为它的**对称轴**。

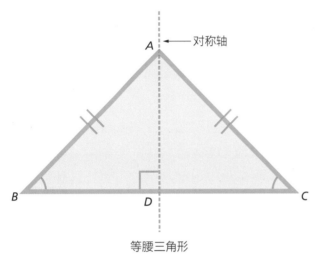

等腰三角形

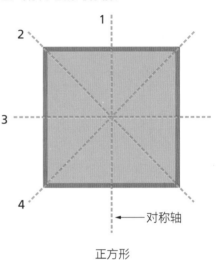

正方形

　　轴对称图形沿对称轴对折时，重合的点、边、角分别称为对应点、对应边、对应角。

　　上面的等腰三角形中，$AB = AC$，$BD = CD$，$\angle B = \angle C$。

　　有四条对称轴，分别通过各边的中点和相对的顶点。

正方形也是中心对称图形。

轴对称图形的性质

　　轴对称图形具有如下性质。

- 连接两个对应点的线段与对称轴垂直相交。
- 从这个交点到两个对应点的长度相等。

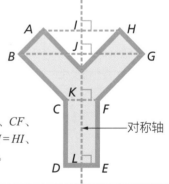

　　右边图形中，AH、BG、CF、DE 都与对称轴垂直相交，$AI = HI$、$BJ = GJ$、$CK = FK$、$DL = EL$。

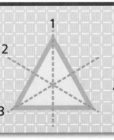

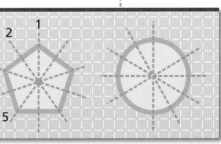

对称轴

- 等边三角形：有 **3** 条对称轴
- 正五边形：有 **5** 条对称轴
- 圆：有无数条对称轴

* 圆也是中心对称图形。

▶ 什么是中心对称图形?

如果一个平面图形绕着一个点旋转180°,旋转后的图形能与原来的图形完全重合,则这个图形称为**中心对称图形**,这个点称为它的**对称中心**。

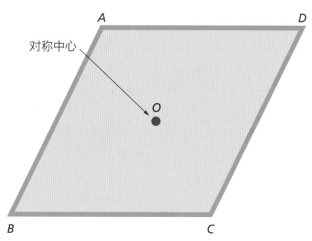

对称中心

平行四边形
$AB=CD$, $BC=DA$, $\angle A=\angle C$, $\angle B=\angle D$

中心对称图形绕着对称中心旋转180°后,互相重合的点、边、角分别称为对称点、对应边、对应角。

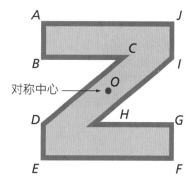

对称中心

中心对称图形
$AJ=FE$, $BC=GH$, $CD=HI$, $\angle BCD=\angle GHI$

中心对称图形的性质

中心对称图形具有如下性质。

- 连接两个对称点的线段通过对称中心。
- 从对称中心到两个对称点的长度相等。

对称中心

$AO=GO$, $CO=IO$,
$DO=JO$, $EO=KO$

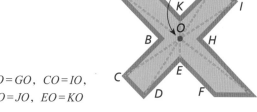

对称中心

　任意两条连接对称点的线段,都会相交于对称中心。

* 正六边形、正八边形也是轴对称图形。

正六边形　　　正八边形

● 等边三角形是中心对称图形吗?

旋转中心

各旋转120°

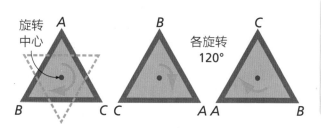

因为旋转180°后不会与原来的图形重合,所以等边三角形不是中心对称图形。不过,等边三角形每旋转120°,就会与原来的图形重合,所以被称为旋转对称图形。

多边形

由三条以上的线段（边）首位顺次相连围成的平面图形，称为多边形。

▶ 各种多边形

像三角形、四边形、五边形等，由三条以上线段（边）围成的图形，称为**多边形**。多边形有六边形、七边形、八边形……十二边形、十八边形、二十边形等许多种类。

多边形的边和角

不论哪一种多边形，其边的条数、顶点的个数和角（内角）的个数全都一致。例如四边形有四条边、四个角，五边形有五条边、五个角。

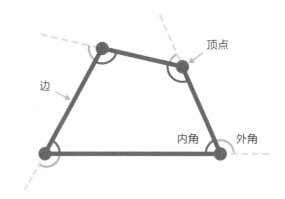

多边形的内角和外角

不论哪一种多边形，其外角的个数都是内角个数的 2 倍，一个内角和与其相邻的外角的和是180°。

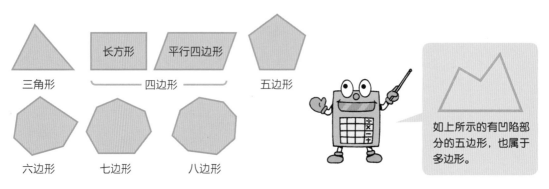

三角形　　四边形（长方形　平行四边形）　五边形

六边形　　七边形　　八边形

如上所示的有凹陷部分的五边形，也属于多边形。

正多边形

每条边的长度都相等，每个角的大小也都相等的多边形，称为**正多边形**。

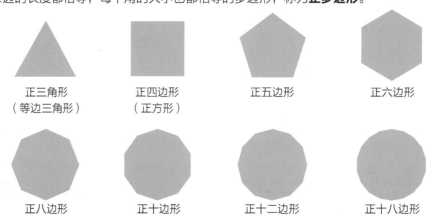

正三角形
（等边三角形）

正四边形
（正方形）

正五边形

正六边形

正八边形　　正十边形　　正十二边形　　正十八边形

▶ 多边形的性质

多边形的角具有如下性质。

多边形的内角和

从多边形的一个顶点向其他顶点作对角线，可将其分割成若干三角形，再从三角形的个数求多边形的内角和。

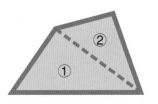

四边形
可分成 2 个三角形

▼

四边形的内角和等于
2 个三角形的内角和

180°×2＝360°

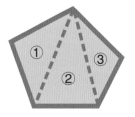

五边形
可分成 3 个三角形

▼

五边形的内角和等于
3 个三角形的内角和

180°×3＝540°

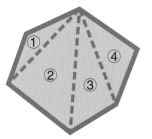

六边形
可分成 4 个三角形

▼

六边形的内角和等于
4 个三角形的内角和

180°×4＝720°

九边形
可分成 7 个三角形

▼

九边形的内角和等于
7 个三角形的内角和

180°×7＝1260°

多边形的内角和公式

被对角线分割出来的三角形的个数，比多边形的边数少 2。

n 边形的内角和是（$n-2$）个三角形的内角和，用式子表示为

n 边形的内角和＝180°×（$n-2$）

▼

计算九边形的内角和，可以把 $n=9$ 代入公式：

180°×（9－2）＝1260°

多边形的外角和

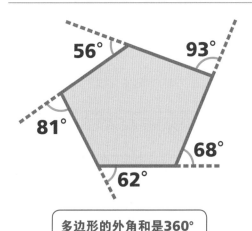

56° **93°**

81°

68°

62°

多边形的外角和是360°

测量五边形的 5 个外角的大小，再求它们的和。
56°＋81°＋62°＋68°＋93°＝360°

多边形的任意一个内角和与它相邻的外角的和都是 180°，所以五边形的全部内角及外角的和一共是 180°×5＝900°。

由此减去 5 个内角的和 540°，即可求得 5 个外角的和。

900°－540°＝360°

按照同样的方法分析六边形、八边形、十边形等图形之后即可确定，任何多边形的外角和都是360°。

勾股定理

勾股定理是表示直角三角形三边长度关系的定理，可用于求直角三角形的边长。

▶ 勾股定理是什么？

中国古代数学家称直角三角形为勾股形，其中勾指短直角边，股指长直角边，弦指斜边。

勾股定理是指直角三角形的两直角边的平方之和等于斜边的平方。这一定理是由中国数学家最早发现的，后来，古希腊数学家毕达哥拉斯也发现了这个定理，所以许多国家称之为毕达哥拉斯定理。

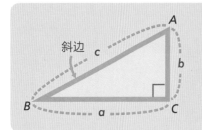 假设直角三角形 ABC 中，$\angle C = 90°$，$AB = c$，$BC = a$，$CA = b$，则三条边的关系如下：

$$a^2 + b^2 = c^2$$
$$(BC^2 + CA^2 = AB^2)$$

← **勾股定理**
（毕达哥拉斯定理）

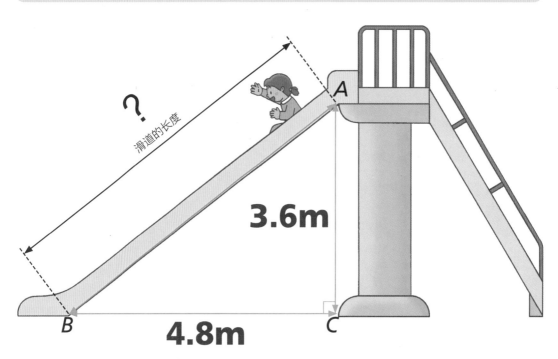

如上图，滑梯的高度 CA 为 3.6m，B、C 这两点间的距离为 4.8m，利用勾股定理求滑道的长度 AB。

即 $\angle C = 90°$ 的直角三角形 ABC，$BC = 4.8$m，$CA = 3.6$m，代入勾股定理的公式：

$$AB^2 = BC^2 + CA^2 = 4.8^2 + 3.6^2 = 23.04 + 12.96 = 36$$
$$AB^2 = 36 \quad AB > 0，所以，AB = \sqrt{36} = 6$$

求平方根

由此可知，AB 的长度为 6m。

▶ 勾股定理的证明

如下图，把和 $\angle C = 90°$ 的直角三角形 ABC 全等（形状和大小都完全相同）的直角三角形拼接在一起。

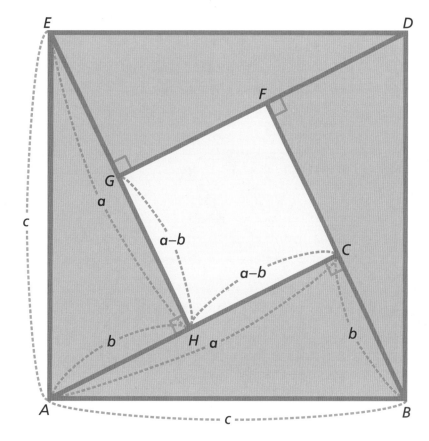

直角三角形 ABC 中，$\angle C = 90°$，所以 $\angle A + \angle B = 90°$。

四边形 ABDE 中，$\angle EAB = \angle EAH + \angle CAB = 90°$。

同样，$\angle ABD$、$\angle BDE$、$\angle DEA$ 也都是 90°，所以四边形 ABDE 是四个角皆为直角，每边长度皆为 c 的正方形。

又，四边形 CFGH 是四个角皆为直角，每边长度皆为 $a-b$ 的正方形。

正方形 ABDE 的面积等于四个直角三角形的面积及正方形 CFGH 的面积之和，所以可证明 $a^2 + b^2 = c^2$。

证明

正方形 ABDE 的面积为 $c \times c = c^2$

又，这个面积等于直角三角形 ABC 的面积 × 4 + 正方形 CFGH 的面积，所以

$$\frac{1}{2}ab \times 4 + (a-b)^2 = 2ab + a^2 - 2ab + b^2 = a^2 + b^2$$

所以，从正方形 ABDE 的面积可以证明

$$a^2 + b^2 = c^2$$

成立。

也可以利用右边这个图来证明。想想看！

三角形的全等

若两个三角形的形状和大小都完全相同，则称这两个三角形为全等三角形。

▶ 全等图形

假设有两个图形，对应边的长度和对应角的大小分别相等，则称这两个图形为全等图形。

假设有两个图形，把其中一个图形移动（平行移动、旋转移动、对称移动）后，能够与另一个图形完全重合，也可以称这两个图形**全等**。

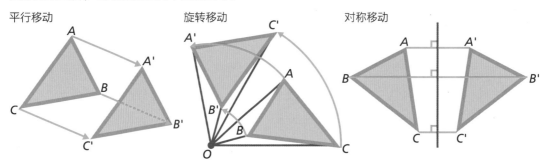

平行移动　　　　旋转移动　　　　对称移动

在下图中，和三角形①全等的三角形，有旋转移动后的②、对称移动后的④和平行移动后的⑤。在三角形①和三角形③中，边 AC 和边 GI 的长度不相等，边 AB 和边 GH 的斜度不相等，所以三角形①和三角形③不全等。

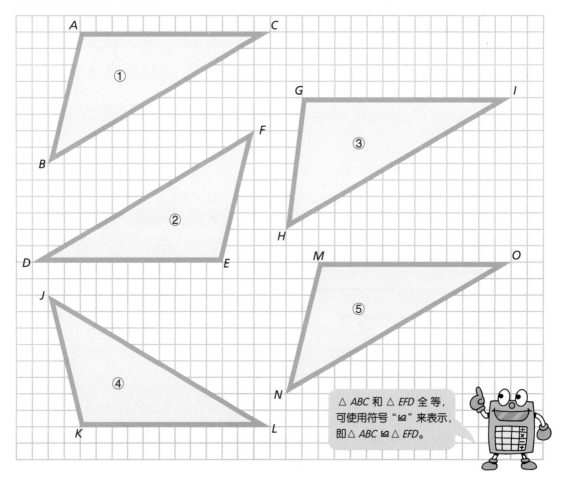

△ ABC 和 △ EFD 全等，可使用符号 "≌" 来表示，即 △ ABC ≌ △ EFD。

▶ 三角形全等的条件

只要下列条件中任何一项确定，三角形的形状和大小即可随之确定：①三边的长度；②两边的长度及其夹角的大小；③一边的长度及其两端的角的大小。也就是说，利用①②③任何一项，便可以画出与该三角形全等的三角形。由此可以推导出三角形的全等条件。

两个三角形，当下列任意一项条件成立时，即为全等。

① 三组边分别相等

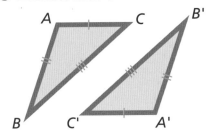

② 两组边及其夹角分别相等

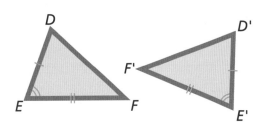

③ 一组边及其两端的角分别相等

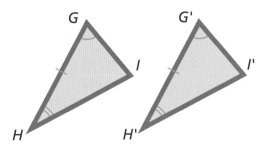

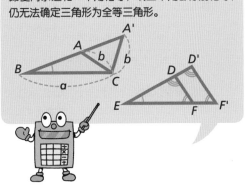

即使两条边和一个角相等，或三个角都分别相等，仍无法确定三角形为全等三角形。

▶ 直角三角形全等的条件

两个直角三角形的全等条件，除了上述三项之外，还有下列两项。满足其中一项，即为全等。

① 斜边及一个锐角分别相等

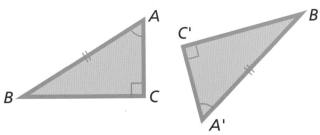

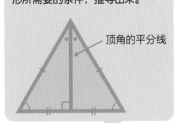

直角三角形的全等条件，可通过等腰三角形的性质，即成为等腰三角形所需要的条件，推导出来。

顶角的平分线

② 斜边及其他一边分别相等

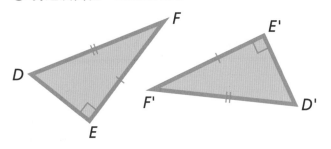

▶ 三角形全等的证明①

假设与结论

右图的△ AED 和△ BEC 中，若 $AD/\!/CB$，$EA=$
EB，则 $ED=EC$。在这句话中，"若"后面的" $AD/\!/$
CB，$EA=EB$"称为**假设**，"则"后面的" $ED=$
EC"称为**结论**。

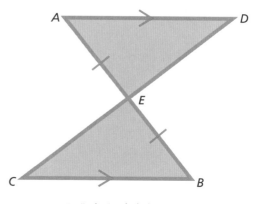

* ">"表示两条直线平行。

证明的步骤

想要从上面的假设推导出结论，只需要证明
△ AED 和△ BEC 为全等三角形即可。因此，先思
考利用哪一个三角形全等的条件，再找出满足条件
的事项，最后推导出结论。

> **证明**　△ AED 和△ BEC 中，
>
> 根据假设，　　　　 $EA=EB$ 　　　　 … ①
>
> 因为对顶角相等，所以 $\angle AED=\angle BEC$ 　 … ②
>
> 又因为 $AD/\!/CB$，平行线的内错角相等，所以
>
> $$\angle EAD=\angle EBC \quad \cdots ③$$
>
> 由①②③可知，一组边及其两端的角分别相等，因此
>
> $$\triangle AED\cong\triangle BEC$$
>
> 因为全等图形的对应边相等，所以
>
> $$ED=EC \quad \cdots 结论$$

找出三角形全等的条件

> **找出 3 个满足条件的事项**

↓

> **利用三角形全等的条件，推导出两个三角形全等**

↓

> **根据全等图形的性质推导出结论**

证明"等边三角形的三个角相等"

等边三角形是特殊的等腰三角形，所以可以利用等腰三角形的性质。

> **证明**　因为等腰三角形的底角相等，
> 所以在等边三角形 ABC 中，
>
> $$AB=AC,\ \angle B=\angle C \quad \cdots ①$$
>
> $$BC=BA,\ \angle C=\angle A \quad \cdots ②$$
>
> 由①②可知，$\angle A=\angle B=\angle C$
>
> 也就是说，等边三角形的三个角相等。

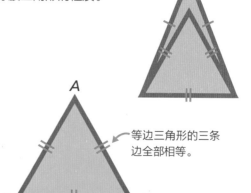

等边三角形的三条
边全部相等。

▶ 三角形全等的证明②

若要把 $AB=AC$，$\angle B=70°$ 的等腰三角形 ABC 按照面积二等分，则可以采用右图的（甲）、（乙）两种方法。

如果要把三角形 ABC 分成两个全等的三角形，则只能采用方法（甲）。

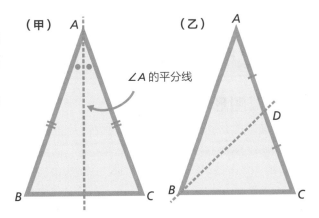

$\angle A$ 的平分线

利用方法（甲）分成的两个三角形全等

证明	$\triangle ABC$ 中， AD 为 $\angle A$ 的平分线，所以 $\qquad \angle BAD = \angle CAD \qquad \cdots ①$ 根据等腰三角形的性质，$AB = AC \qquad \cdots ②$ AD 为 $\triangle ABD$ 和 $\triangle ACD$ 的共同边，即 $\qquad AD = AD \qquad \cdots ③$ 由①②③可知，两组边及其夹角分别相等，所以 $\qquad \triangle ABD \cong \triangle ACD$

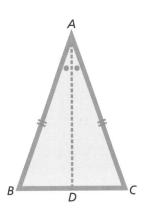

因为全等图形的对应边、对应角相等，所以可从已经证明的 $\triangle ABD \cong \triangle ACD$ 推导出 $BD = CD$，$\angle ADB = \angle ADC$。又因为 $\angle ADB + \angle ADC = 180°$，所以 $\angle ADB = 90°$，也就可以推导出 $AD \perp BC$。

▶ 等腰三角形的顶角的平分线垂直且平分底边。

利用方法（乙）分成的两个三角形是否全等呢?

在 $\triangle BAD$ 和 $\triangle BCD$ 中，$AD = CD \qquad \cdots ①$

BD 为共同边，所以，$BD = BD \qquad \cdots ②$

若要满足"两组边及其夹角相等"这个三角形全等条件，$\angle ADB$ 和 $\angle CDB$ 必须相等，但 $\angle ADB$ 和 $\angle CDB$ 并不相等。也就是说，$\triangle BAD$ 和 $\triangle BCD$ 不全等。

> $\triangle BAD$ 和 $\triangle BCD$ 的形状不一样，但它们的面积相等。设底边为 AD、CD，则 AC 和顶点 B 的距离为高。因为 $AD = CD$，高度也相等，所以 $\triangle BAD$ 和 $\triangle BCD$ 的面积相等。

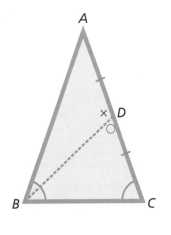

三角形的相似

若两个图形的形状相同，但大小不等，则称这两个图形为相似图形。

▶ 相似图形

如果不改变一个图形的形状，只依照一定的比例放大或缩小，则得到的新图形和原来的图形**相似**。相似图形对应边的长度之比全部相等，对应角的大小也分别相等。

两个相似的图形，对应边的长度之比称为**相似比**。

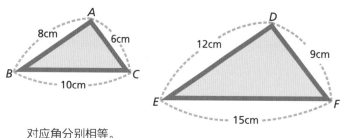

对应角分别相等。
∠A = ∠D，∠B = ∠E，∠C = ∠F

左边的△ABC 和△DEF 相似。

$AB:DE = 8:12 = 2:3$
$BC:EF = AC:DF = 2:3$

▼

相似比为 2:3

△ABC和△DEF相似，可使用符号"∽"来表示。
△ABC ∽ △DEF

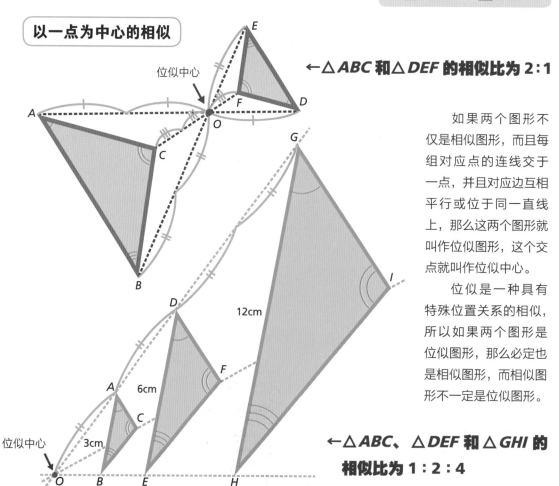

以一点为中心的相似

←**△ABC 和△DEF 的相似比为 2:1**

如果两个图形不仅是相似图形，而且每组对应点的连线交于一点，并且对应边互相平行或位于同一直线上，那么这两个图形就叫作位似图形，这个交点就叫作位似中心。

位似是一种具有特殊位置关系的相似，所以如果两个图形是位似图形，那么必定也是相似图形，而相似图形不一定是位似图形。

←**△ABC、△DEF 和△GHI 的相似比为 1:2:4**

三角形相似的条件

对于两个三角形是否相似，即使不知道所有边的长度、角的大小，也能加以判别。和全等图形不一样，只要形状相同就是相似，所以只要三组边的比、两组边的比及其夹角、两组角之中的任意一项相等，就可以称它们为相似三角形。如果下列①②③中任意一项成立，则两个三角形即为相似。

① 三组边的比全部相等

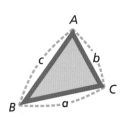 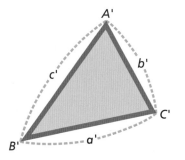

若 $a : a' = b : b' = c : c'$，
则 $\triangle ABC \backsim \triangle A'B'C'$

② 两组边的比及其夹角分别相等

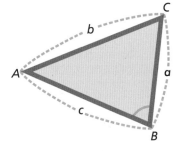 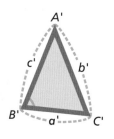

若 $a : a' = c : c'$
且 $\angle B = \angle B'$，
则 $\triangle ABC \backsim \triangle A'B'C'$

③ 两组角分别相等

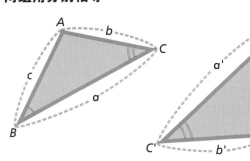

若 $\angle B = \angle B'$
且 $\angle C = \angle C'$，
则 $\triangle ABC \backsim \triangle A'B'C'$

直角三角形相似的条件

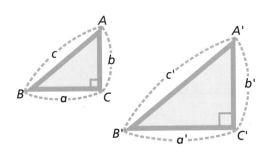

① **斜边及任一直角边的比分别相等**
若 $c : c' = a : a'$（或 $c : c' = b : b'$），
则 $\triangle ABC \backsim \triangle A'B'C'$

② **一组锐角相等**
若 $\angle A = \angle A'$（或 $\angle B = \angle B'$），
则 $\triangle ABC \backsim \triangle A'B'C'$

*前提条件是 $\angle C = \angle C' = 90°$。

▶ 相似的证明①

要证明两个三角形相似，首先要根据已知条件，思考利用三角形相似条件之中的哪一项，然后找出满足条件的事项，最后推导出结论。

证明右图中的△ABC 和△EFD 相似。

$AB = 4 + 3 = 7(cm)$，$BC = 5 + 5 = 10(cm)$

$CA = 4.2 + 3.8 = 8(cm)$

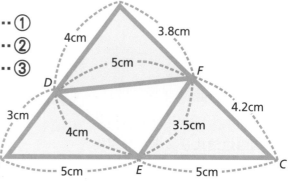

证明

在△ABC 和△EFD 中，

$AB : EF = 7 : 3.5 = 2 : 1$ ⋯①

$BC : FD = 10 : 5 = 2 : 1$ ⋯②

$CA : DE = 8 : 4 = 2 : 1$ ⋯③

由①②③可知，三组对应边的比全部相等，所以

$\triangle ABC \backsim \triangle EFD$

如左图所示，改变一下△EFD 的位置和方向，会更容易看出对应边的关系。

证明下图中的△ABC 和△DEC 相似。

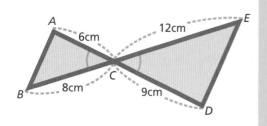

证明

在△ABC 和△DEC 中，

$AC : DC = 6 : 9 = 2 : 3$ ⋯①

$BC : EC = 8 : 12 = 2 : 3$ ⋯②

因为对顶角相等，所以

$\angle ACB = \angle DCE$ ⋯③

由①②③可知，两组对应边的比及其夹角分别相等，所以

$\triangle ABC \backsim \triangle DEC$

在右图的△ABC 中，从点 B、点 C 分别作边 AC、边 AB 的垂线，证明△ABD 和△ACE 相似。

证明

在△ABD 和△ACE 中，

因 $BD \perp AC$，故 $\angle BDA = 90°$

因 $CE \perp AB$，故 $\angle CEA = 90°$

所以 $\angle BDA = \angle CEA$ ⋯①

$\angle A$ 为共同角，所以

$\angle BAD = \angle CAE$ ⋯②

由①②可知，两组对应角分别相等，

所以 $\triangle ABD \backsim \triangle ACE$

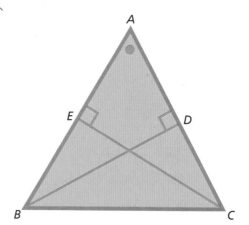

▶ 相似的证明②

直角三角形 ABC 中，$\angle A = 90°$，从点 A 作边 BC 的垂线 AD，证明 $\triangle ABC$ 和 $\triangle DBA$ 相似。

证明 在 $\triangle ABC$ 和 $\triangle DBA$ 中，

根据已知条件， $\angle BAC = 90°$

因 $AD \perp BC$，故 $\angle BDA = 90°$

所以 $\angle BAC = \angle BDA \cdots$ ①

$\angle B$ 为共同角，所以 $\angle ABC = \angle DBA \cdots$ ②

由①②可知，两组对应角分别相等，所以

$$\triangle ABC \backsim \triangle DBA$$

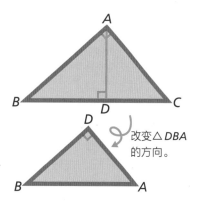

改变 $\triangle DBA$ 的方向。

已知 $\triangle ABC$ 为直角三角形，证明 $\triangle DBA$ 和 $\triangle DAC$ 相似。

证明 在 $\triangle DBA$ 和 $\triangle DAC$ 中，

$$\angle BDA = \angle ADC = 90° \cdots ①$$

$$\angle DBA = 90° - \angle DAB$$

$$\angle DAC = 90° - \angle DAB$$

故

$$\angle DBA = \angle DAC \qquad \cdots ②$$

由①②可知，两组对应角分别相等，所以

$$\triangle DBA \backsim \triangle DAC$$

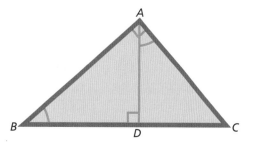

$\angle DBA + \angle DAB = 90°$
$\angle DAB + \angle DAC = 90°$
所以可推导出②。

如下图，在 $\triangle ABC$ 的边 BC 上取点 D，另取点 E 使 $\triangle ABC \backsim \triangle ADE$，再把点 E 和点 C 相连。证明 $\triangle ABD \backsim \triangle ACE$。

证明 $\triangle ABC \backsim \triangle ADE$，则对应边的比相等，所以

$$AB : AD = AC : AE \qquad \cdots ①$$

又，因为相似三角形的对应角相等，所以

$$\angle BAC = \angle DAE \qquad \cdots ②$$

在 $\triangle ABD$ 和 $\triangle ACE$ 中，

$$\angle BAD = \angle BAC - \angle DAC \quad \cdots ③$$

$$\angle CAE = \angle DAE - \angle DAC \quad \cdots ④$$

由②③④可知，

$$\angle BAD = \angle CAE \qquad \cdots ⑤$$

由①⑤可知，两组对应边的比及其夹角分别相等，所以

$$\triangle ABD \backsim \triangle ACE$$

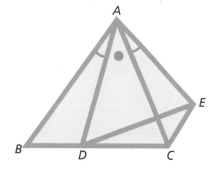

$\triangle ABC \backsim \triangle ADE$，$\angle BAC = \angle DAE$，因此可以当成是把 $\angle BAC$ 以点 A 为中心，往右旋转了 $\angle BAD$ 的角度。

圆

圆是同一平面内与一个点的距离相等的所有点集合而成的封闭图形。

▶ 圆的有关性质

所有与点 O 距离相等的点集合而成的闭合曲线，就是以点 O 为圆心的圆周。圆周上的任何一点与点 O 的距离都相等。

把圆对折，对折线的两侧会完全重合，所以圆是一个轴对称图形。这条对折线是对称轴，圆有无数条对称轴。

此外，圆也是中心对称图形，其对称中心是圆心。

与圆心等距离的点有无数个。

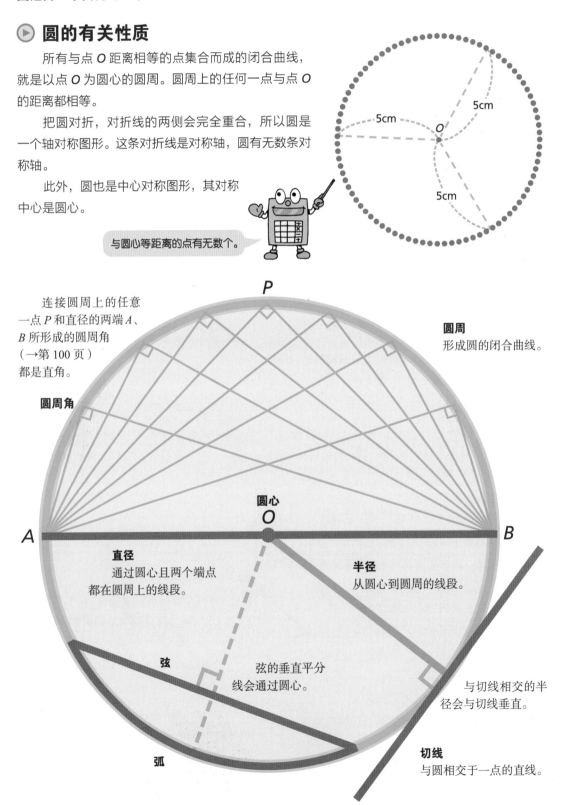

连接圆周上的任意一点 P 和直径的两端 A、B 所形成的圆周角（→第 100 页）都是直角。

圆周角

圆周
形成圆的闭合曲线。

圆心
O

A　　　　　　　　　　　　　　B

直径
通过圆心且两个端点都在圆周上的线段。

半径
从圆心到圆周的线段。

弦

弦的垂直平分线会通过圆心。

与切线相交的半径会与切线垂直。

弧

切线
与圆相交于一点的直线。

▶ 圆的部分

圆有直径、半径、圆周等部分，每个部分都有自己的名称和独特的性质。

弧

　　圆周的一部分称为弧，圆周上的两点 A、B 间的部分称为弧 AB，记成 $\overset{\frown}{AB}$。小于半圆的弧称为劣弧，大于半圆的弧称为优弧。若只写弧，通常指劣弧。

弦

　　连接圆周上任意两点的线段称为弦。连接圆周上的两点 A、B 的线段称为弦 AB。

弓形

弦及其所对的弧围成的图形。

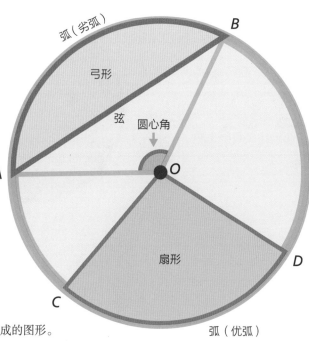

圆心角

　　顶点在圆心上，角的两边与圆周相交的角叫圆心角。连接圆心 O 和圆周上两点 A、B，会形成 $\angle AOB$。这个 $\angle AOB$ 称为 $\overset{\frown}{AB}$ 所对的圆心角。

扇形

　　圆的两条半径和其间所夹的弧所围成的图形叫扇形。半径 OC、OD 和 $\overset{\frown}{CD}$ 围成的图形称为扇形 OCD。

▶ 圆周率

　　任意一个圆的周长与直径的比值是一个常数，我们将这个常数称为**圆周率**，用字母 π 表示。在中小学阶段，圆周率 π 通常只取到 3.14。在计算圆的周长和面积时，经常用到圆周率。

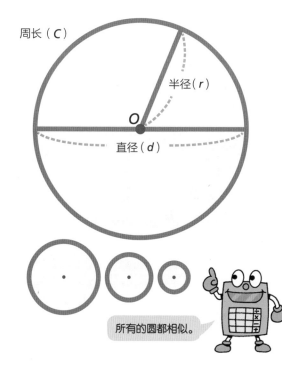

所有的圆都相似。

求周长的公式

圆周的长度可利用直径和圆周率求得。

周长＝直径×圆周率＝πd＝$2\pi r$

取圆周率为 3.14，则

周长＝直径×3.14

直径（d）为 4cm 的圆的周长（C）为

C＝4×3.14＝12.56(cm)

求直径的公式

直径可利用圆周的长度和圆周率求得。

直径＝周长÷圆周率＝$\dfrac{C}{\pi}$

周长（C）为 25.12cm 的圆的直径（d）为

d＝25.12÷3.14＝8(cm)

▶ 圆周角的定理

在圆 O 的圆周上，取点 A、点 B 以外的任一点 P，则称 $\angle APB$ 为 $\overset{\frown}{AB}$ 所对的**圆周角**，同时称 $\overset{\frown}{AB}$ 为 $\angle APB$ 所对的**弧**。

圆周角定理

一条弧所对的圆周角等于它所对圆心角的一半。

$$圆周角 = \frac{1}{2} 圆心角$$

⇩

$$圆心角 = 圆周角 × 2$$

圆周角与弧

在一个圆中，相等的弧所对的圆周角相等，相等的圆周角所对的弧也相等。

在右图中，设 $\overset{\frown}{AB} = \overset{\frown}{CD}$，

则 $\angle APB = \angle CQD$

设 $\angle APB = \angle CQD$，则 $\overset{\frown}{AB} = \overset{\frown}{CD}$

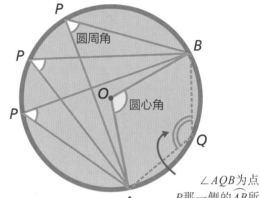

$\angle AQB$ 为点 P 那一侧的 $\overset{\frown}{AB}$ 所对的圆周角。为了方便区分，点 P 侧的 $\overset{\frown}{AB}$ 也可记成 $\overset{\frown}{APB}$，点 Q 侧的 $\overset{\frown}{AB}$ 也可记成 $\overset{\frown}{AQB}$。

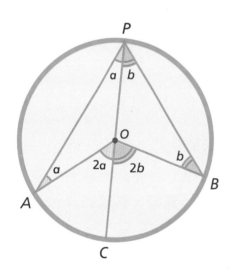

圆周角定理的证明

如左图所示，作直径 PC，设 $\angle OPA = \angle a$，$\angle OPB = \angle b$。

因 $OP = OA$，故 $\angle OAP = \angle OPA = \angle a$，$\angle AOC = \angle OPA + \angle OAP = 2\angle a$

同理，$\angle BOC = 2\angle b$

因此，$\angle AOB = 2(\angle a + \angle b)$

因为 $\angle APB = \angle a + \angle b$

所以 $\angle APB = \frac{1}{2}\angle AOB$

直径与圆周角定理

半圆的弧所对的圆心角为 180°，所以圆周角为 90°。

〈**定理**〉

在以线段 AB 为直径的圆周上，取点 A、点 B 以外的点 P，则 $\angle APB = 90°$。

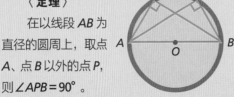

圆周角定理之逆定理

有四点 A、B、P、Q，且 P、Q 在直线 AB 的同侧，设 $\angle APB = \angle AQB$，则此四点在同一个圆周上。

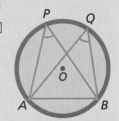

▶ 圆内接四边形

若一个四边形的四个顶点位于同一个圆周上，则称这个四边形为这个圆的**圆内接四边形**。

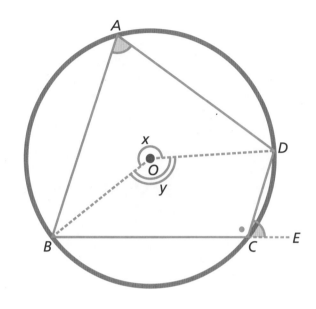

圆内接四边形的性质

① 对角互补。

② 一个内角与对角的相邻外角相等。

在左图中，设半径OB、半径OD形成的角为$\angle x$、$\angle y$，根据圆周角定理，

$$\angle A = \frac{1}{2}\angle y, \quad \angle BCD = \frac{1}{2}\angle x,$$

故$\angle A + \angle BCD = \frac{1}{2}(\angle x + \angle y)$

因为$\angle x + \angle y = 360°$，所以

$$\angle A + \angle BCD = \frac{1}{2} \times 360° = \mathbf{180°}$$

设$\angle BCD$的外角为$\angle DCE$，

因为$\angle BCD + \angle DCE = 180°$，

所以$\angle A = \angle DCE$。

▶ 圆幂定理

设圆的两条弦 AB 和 CD 相交于圆内的点 P，或者弦 AB 的延长线和弦 CD 的延长线相交于圆外的点 P，则

$PA \times PB = PC \times PD$

这称为**圆幂定理**。

在图 1 中，根据圆周角定理和对顶角相等，

$$\triangle PAC \backsim \triangle PDB$$

所以两个三角形的对应边的比相等，即

$PA : PD = PC : PB$，故 $PA \times PB = PC \times PD$

在这个情况下，圆幂定理又称为**相交弦定理**。

在图 2 中，根据圆内接四边形的性质，

$\angle PAC = \angle PDB$（且$\angle PCA = \angle PBD$）

$\angle APC = \angle DPB$（共同角），所以

$$\triangle PAC \backsim \triangle PDB$$

两个相似三角形的对应边的比相等，所以

$PA : PD = PC : PB$，故 $PA \times PB = PC \times PD$

在这个情况下，圆幂定理又称为**割线定理**。

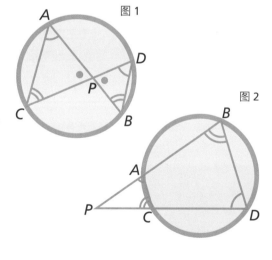

图 1

图 2

利用作图求圆心

利用弦的垂直平分线会通过圆心这一性质，作两条弦的垂直平分线，其交点即为圆心。

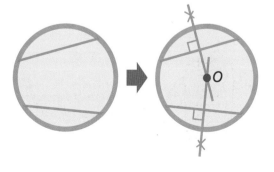

▶ 圆的切线

若一条直线与圆只相交于一点，则称这条直线与圆相切，这条直线称为圆的**切线**，二者相交的点称为**切点**。

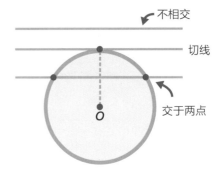

不相交

切线

交于两点

两个圆的切线

若一条直线同时与两个圆相切，则称这条直线为两个圆的**公切线**。

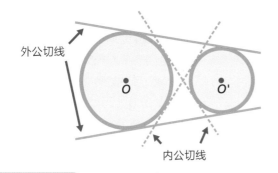

外公切线

内公切线

切线的性质

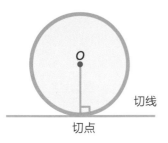

O

切线

切点

圆的切线与通过切点的半径垂直。自圆外一点 P 作两条圆 O 的切线。点 P 至点 A、点 B 的长分别是 PA、PB，都称为切线长。

连接点 P 和圆心 O，形成直角三角形 OPA、OPB。可利用勾股定理求得切线长 PA 或点 P 至圆心 O 的距离。

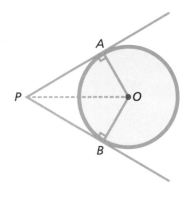

切线长的求法

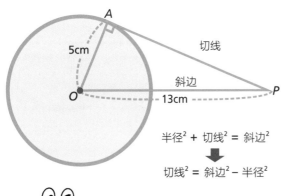

5cm

切线

斜边

13cm

半径² + 切线² = 斜边²

⬇

切线² = 斜边² − 半径²

△OPA 为 ∠A = 90° 的直角三角形，所以也可利用勾股定理，求斜边 OP 或半径 OA 的长。

△OPA 为直角三角形，根据勾股定理得出：

$$OA^2 + AP^2 = OP^2$$

把半径 OA = 5cm，斜边 OP = 13cm 代入，则

$$5^2 + AP^2 = 13^2$$
$$AP^2 = 13^2 - 5^2 = 169 - 25$$
$$= 144$$

故 $AP = \sqrt{144} = \sqrt{12^2}$
$$= 12$$

$AP > 0$，所以取正的平方根

切线 AP 的长为 12cm。

圆切线的作图

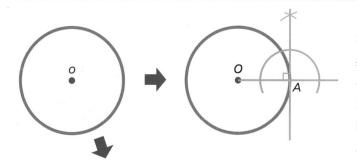

圆切线垂直于通过切点的半径，所以作一条通过点 A 且垂直于射线 OA 的直线即可。以点 A 为圆心作圆，与射线 OA 交于两点，再以这两个交点为圆心，分别以相同的半径画弧，交于一点，再作连接此交点与点 A 的直线。

自圆外一点作圆切线

①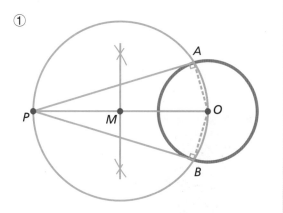

连接圆外一点 P 与圆心 O，并作图取线段 PO 的中点 M。

以点 M 为圆心，MP 为半径作圆，与圆 O 相交于点 A、点 B。连接圆心 O 与点 A、点 B。连接点 P 和点 A、点 B。

∠PAO、∠PBO 为圆 M 的直径 PO 的圆周角，所以 ∠PAO = ∠PBO = 90°。因此，PA、PB 是分别以点 A、点 B 为切点的圆 O 的切线。

②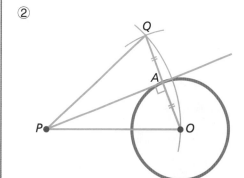

连接圆外一点 P 与圆心 O，以点 P 为圆心，PO 为半径作圆。接着，以点 O 为圆心，以圆 O 的直径为半径作圆，与圆 P 相交于点 Q。作 Q 与 O 的连线 OQ，与圆 O 相交于点 A。

△POQ 为 PO = PQ 的等腰三角形，平分底边 OQ 的射线 PA 为 OQ 的垂直平分线，所以 ∠PAO = 90°。因此，PA 是以点 A 为切点的圆 O 的切线。

▶ 切线与弦的夹角

圆的弦与通过其一端的切线的夹角，与它所夹的弧所对的圆周角相等。这个性质也称为**弦切角定理**。

右图中，以点 B 为切点的切线 BT 和弦 BC 的夹角 ∠CBT，与弧 BC 所对的圆周角 ∠BAC 相等。

△OBC 为等腰三角形，设底角为 ∠x，
则 ∠BOC = 180° − 2∠x，故 ∠BAC = 90° − ∠x，
又因为 ∠OBT = 90°，所以 ∠CBT = 90° − ∠x。

因此，∠CBT = ∠BAC。

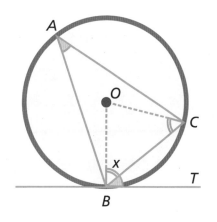

▶ 圆的面积

圆周所围住的平面的大小称为圆的面积。圆的面积与半径的平方成正比。如下图所示，把圆等分成若干大小相同的扇形，重新排成一个横列。如果像这样把圆不断地等分下去，所分成的扇形会越来越小，重新排列的图形则越来越接近长方形。

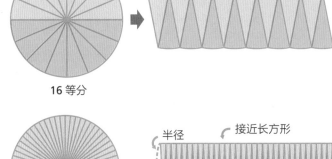

16 等分

长方形的面积＝长×宽

把这个公式中的宽换成半径，长换成圆周长的一半，则长方形的面积，亦即圆的面积为

（圆的周长÷2）×半径
＝（直径×圆周率÷2）×半径
＝（半径×2×圆周率÷2）×半径
＝圆周率×半径×半径

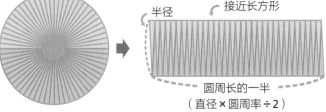

64 等分

设圆的半径为 r，圆周率 $\pi = 3.14$，则

圆的面积＝πr^2＝$3.14 \times r^2$

直径＝半径×2

求圆的面积

欲求圆的面积，只要把半径的值（r）代入上面的公式即可。圆的面积单位为半径的长度单位的平方，如 cm^2、m^2、km^2 等。

$$圆的面积＝3.14 \times 3^2$$
$$＝3.14 \times 9$$
$$＝28.26 (cm^2)$$

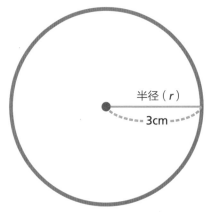

半径（r）

3cm

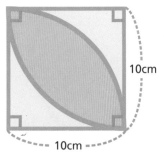

10cm

10cm

欲求左图中橙色部分的面积，可先求右图中被对角线平分之后的弓形的面积。

$$3.14 \times 10^2 \times \frac{1}{4} - 10 \times 10 \times \frac{1}{2}$$

圆的 $\frac{1}{4}$ 的面积　　直角三角形的面积

$$＝28.5 (cm^2)$$

左图橙色部分的面积为

$$28.5 \times 2 = 57 (cm^2)$$

▶ 扇形的面积

扇形是由圆的两条半径和它们之间的弧所围成的图形，属于圆的一部分。扇形的面积由半径的长度和圆心角的大小决定。圆心角是弧的两个端点分别和圆心的连线（两条半径）所形成的角。

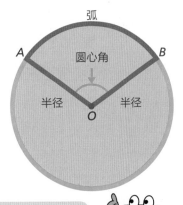

$$\frac{\text{弧的长度}}{\text{圆的周长}} = \frac{\text{圆心角}}{360} \Rightarrow \text{弧的长度} = \text{圆的周长} \times \frac{\text{圆心角}}{360}$$

扇形的面积也与圆心角的大小成正比，因此可由圆面积和圆心角求扇形的面积。

在上图中，有两个扇形，一个是上侧的小扇形，一个是下侧的大扇形。

$$\frac{\text{扇形的面积}}{\text{圆的面积}} = \frac{\text{圆心角}}{360} \Rightarrow \text{扇形的面积} = \text{圆的面积} \times \frac{\text{圆心角}}{360}$$

求扇形的面积

求半径为 5cm、圆心角为 72° 的扇形的面积。

圆的面积＝3.14×5² ＝78.5(cm²)

把圆面积和圆心角代入扇形的面积公式：

扇形的面积＝78.5×$\frac{72}{360}$ ←─圆心角

圆面积 ┘

**　　　　＝15.7(cm²)**

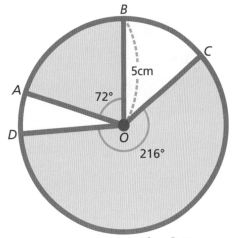

半径为 5cm、圆心角为 216° 的扇形的面积，可根据半径相同、圆心角为 72° 的扇形的面积求得。

扇形 OCD 的面积＝15.7×$\frac{216}{72}$＝47.1(cm²)

↑
216°是72°的3倍（$\frac{216}{72}$＝3）

两个半径相同的扇形，面积与各自的圆心角成正比。

▶ 圆和扇形的面积之比

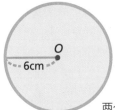

两个圆的相似比即为半径之比。

圆 O 与圆 O' 的相似比为 **6：4＝3：2**

圆 O 与圆 O' 的面积比为 **π×6² ：π×4²**

**　　　　　　　　　　＝36：16＝9：4**

**　　　　　　　　　　＝3²：2²**

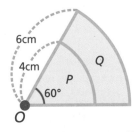

扇形 P 和扇形 Q 的相似比为2：3，面积比为

4：9＝2²：3²

$$\pi \times 4^2 \times \frac{60}{360} : \pi \times 6^2 \times \frac{60}{360}$$

相似比 $m : n$ ➡ 面积比 $m^2 : n^2$

立体图形

立体图形是由长、宽、高构成的三维空间的几何体。

▶ 各种立体图形

由若干平面多边形围成的几何体称为**多面体**。

棱柱：底面为两个平行的全等多边形，侧面由多
　　　个四边形围成的几何体。

棱锥：底面为一个多边形，侧面都是有一个公共
　　　顶点的三角形，由这些面所围成的几何体。

多面体以外的立体图形有**圆柱**、**圆锥**、**球**等。

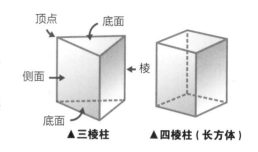

▲三棱柱　　　▲四棱柱（长方体）

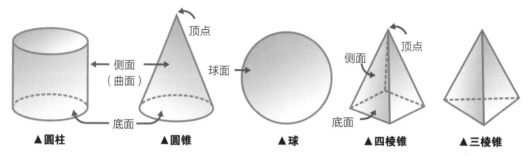

▲圆柱　　　▲圆锥　　　▲球　　　▲四棱锥　　　▲三棱锥

多面体之中，所有的面都是全等的正多边形，并且各个多面角也都全等的几何体，称为正多
面体。正多面体一共有下列 5 种：

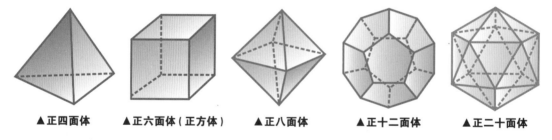

▲正四面体　　　▲正六面体（正方体）　　　▲正八面体　　　▲正十二面体　　　▲正二十面体

▶ 立体图形的观察方法

① 棱柱与圆柱可看成是把一个多
边形和圆，分别在垂直于这个
平面的方向上平行移动一定距
离而形成的立体图形。

② 圆柱、圆锥、球等可看成是
由一个平面图形，绕着其一
条边所在的直线旋转一圈而
形成的几何体（旋转体）。

③ 圆锥的侧面可看成是
连接顶点与底面圆周
上任意一点的线段以
顶点为定点转动一周
而形成的曲面。

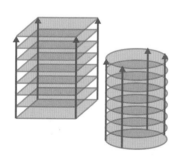

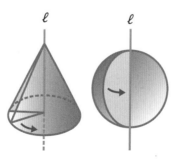

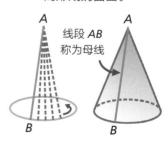

▶ 展开图

为了解立体图形的整个形状而作的图称为**透视图**，把立体图展开摊在平面上的图称为**展开图**。

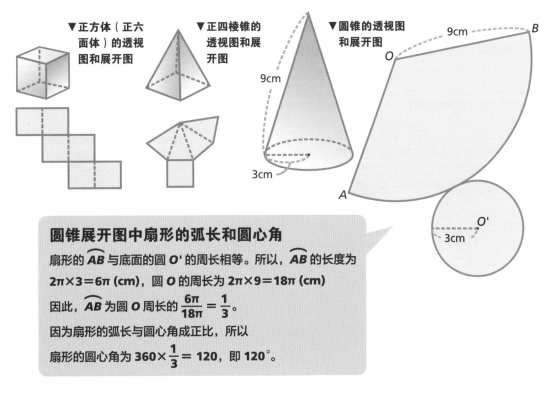

▼正方体（正六面体）的透视图和展开图

▼正四棱锥的透视图和展开图

▼圆锥的透视图和展开图

9cm

9cm

3cm

B

O

A

O'

3cm

圆锥展开图中扇形的弧长和圆心角

扇形的 $\overset{\frown}{AB}$ 与底面的圆 O' 的周长相等。所以，$\overset{\frown}{AB}$ 的长度为 $2\pi \times 3 = 6\pi$ (cm)，圆 O 的周长为 $2\pi \times 9 = 18\pi$ (cm)

因此，$\overset{\frown}{AB}$ 为圆 O 周长的 $\dfrac{6\pi}{18\pi} = \dfrac{1}{3}$。

因为扇形的弧长与圆心角成正比，所以

扇形的圆心角为 $360 \times \dfrac{1}{3} = 120$，即 $120°$。

▶ 投影图

从某个方向看立体图形，再把它画在平面上，这样的图称为**投影图**。从正上方俯视的图称为**平面图**，从正前方看到的图称为**立面图**。投影图使用平面图和立面图来表示。

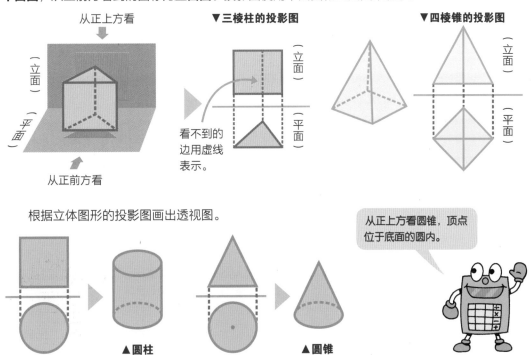

从正上方看

（立面）

（平面）

从正前方看

▼三棱柱的投影图

（立面）

（平面）

看不到的边用虚线表示。

▼四棱锥的投影图

（立面）

（平面）

根据立体图形的投影图画出透视图。

从正上方看圆锥，顶点位于底面的圆内。

▲圆柱

▲圆锥

立体图形的体积

立体图形所占空间的大小，即为它的体积。

物体所占空间的量称为体积，常用的体积单位有 cm^3、m^3 等。长方体和正方体的体积可以转化成若干体积为 $1cm^3$ 的正方体，但其他立体图形则利用（底面积）×（高）来求算体积。

▶ 长方体的体积

思考其长、宽、高分别可以排列几个 $1cm^3$ 的正方体，依此算出体积。

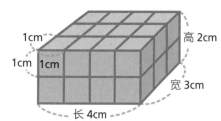

长方体的体积 = 长×宽×高
$$= 4×3×2$$
$$= 24（cm^3）$$

▶ 圆柱的体积

设圆柱的体积为 V，底面积为 S，高为 h，则

$$V = Sh$$

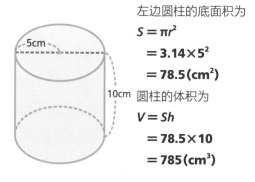

左边圆柱的底面积为
$$S = \pi r^2$$
$$= 3.14×5^2$$
$$= 78.5（cm^2）$$

圆柱的体积为
$$V = Sh$$
$$= 78.5×10$$
$$= 785（cm^3）$$

圆柱挖洞而成的中空圆柱的体积为
$$(\pi r_2{}^2 - \pi r_1{}^2)h$$
$$= \pi (r_2{}^2 - r_1{}^2)h$$

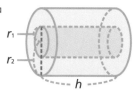

▶ 棱柱的体积

- 底面为长方形的四棱柱是长方体，设体积为 V，则

$$V = abh$$

ab 为四棱柱的底面积，设为 S，则

$$V = Sh$$

- 右边三棱柱的底面为直角三角形，所以底面积为

$$S = \frac{1}{2}×4×3 = 6（cm^2）$$

三棱柱的体积为

$$V = Sh = 6×5 = 30（cm^3）$$

底面积 S

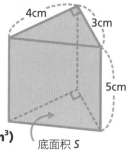

- 右图中四棱柱的体积也可以利用底面积乘高来求得。在底面的四边形上作对角线，把底面分成两个三角形。以两个三角形的面积之和作为底面积，依此求得底面积为

$$S = \frac{1}{2}×10×7 + \frac{1}{2}×10×4 = 55（cm^2）$$

因此，四棱柱的体积为

$$V = Sh = 55×6 = 330（cm^3）$$

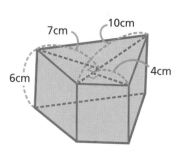

也可以把四棱柱用通过对角线且垂直于底面的平面切开，变成两个三棱柱，再求它们的体积的和。

▶ 棱锥与圆锥的体积

棱锥和圆锥的体积分别相当于底面积相等、高也相等的棱柱和圆柱的体积的 $\frac{1}{3}$。

把棱锥形容器的水倒入棱柱形
容器，可装满其体积的 $\frac{1}{3}$。

把圆锥形容器的水倒入圆柱形
容器，可装满其体积的 $\frac{1}{3}$。

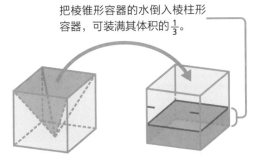 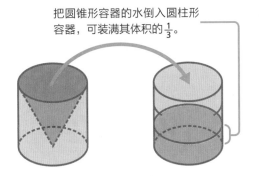

设棱锥、圆锥的底面积为 S、高为 h，

则体积 V 的公式为 $V=\dfrac{1}{3}Sh$

四棱锥的体积

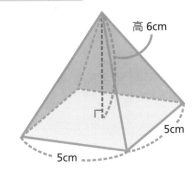

高 6cm

5cm

5cm

底面积 S 为

$S=5\times 5$

$=25(cm^2)$

体积 V 为

高 6cm

$V=\dfrac{1}{3}Sh=\dfrac{1}{3}\times 25\times 6$

$=50(cm^3)$

圆锥的体积

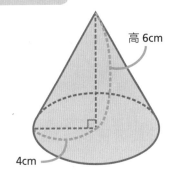

高 6cm

4cm

半径 $r=4cm$

底面积 S 为

$S=\pi r^2=3.14\times 4^2$

$=50.24(cm^2)$

体积 V 为

高 6cm

$V=\dfrac{1}{3}Sh=\dfrac{1}{3}\times 50.24\times 6$

$=100.48(cm^3)$

▶ 球的体积

球的体积相当于刚好能把球放入其中的圆柱体积的 $\frac{2}{3}$。

半径为 r 的球的体积公式如下所示：

$$V=\pi r^2\times 2r\times \frac{2}{3}=\frac{4}{3}\pi r^3$$

圆柱的　圆柱的高
底面积

把球形容器
的水倒入圆
柱形容器，
可装满其体
积的 $\frac{2}{3}$。

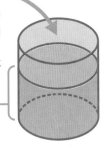

半径为 6cm 的球的体积为

$V=\dfrac{4}{3}\pi r^3=\dfrac{4}{3}\times 3.14\times 6^3$

$=904.32(cm^3)$

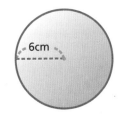

6cm

立体图形的表面积

立体图形各个面的面积之和即为立体图形的表面积。

由四边形和三角形等平面围成的立体图形，可通过计算各个面的面积之和来求它的表面积，但若利用立体图形的展开图，通过计算侧面积和底面积之和求表面积则会更容易。

▶ 棱柱的表面积

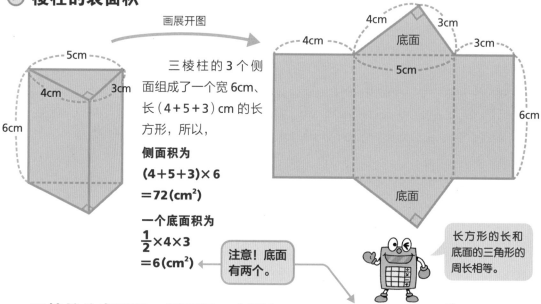

画展开图

三棱柱的 3 个侧面组成了一个宽 6cm、长（4+5+3）cm 的长方形，所以，

侧面积为
$(4+5+3) \times 6$
$= 72(cm^2)$

一个底面积为
$\frac{1}{2} \times 4 \times 3$
$= 6(cm^2)$

注意！底面有两个。

长方形的长和底面的三角形的周长相等。

三棱柱的表面积＝侧面积＋底面积＝72＋6×2＝84(cm²)

▶ 圆柱的表面积

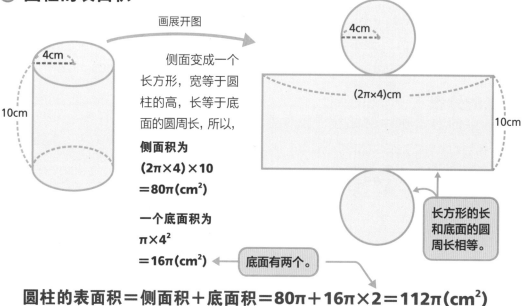

画展开图

侧面变成一个长方形，宽等于圆柱的高，长等于底面的圆周长，所以，

侧面积为
$(2\pi \times 4) \times 10$
$= 80\pi(cm^2)$

一个底面积为
$\pi \times 4^2$
$= 16\pi(cm^2)$

底面有两个。

长方形的长和底面的圆周长相等。

圆柱的表面积＝侧面积＋底面积＝80π＋16π×2＝112π(cm²)

*求立体图形的表面积时，通常把圆周率按 3.14 来计算，但若数值过大，也可以直接用符号 π 来表示。

▶ 棱锥的表面积

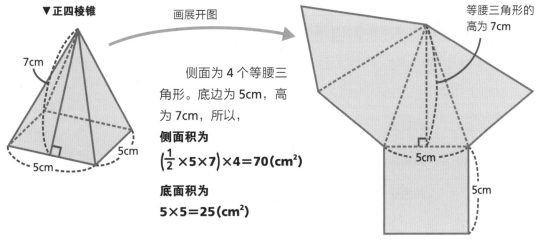

▼正四棱锥

画展开图

等腰三角形的高为7cm

侧面为 4 个等腰三角形。底边为 5cm，高为 7cm，所以，

侧面积为
$$\left(\frac{1}{2}\times5\times7\right)\times4=70\text{(cm}^2\text{)}$$

底面积为
$$5\times5=25\text{(cm}^2\text{)}$$

正四棱锥的表面积＝侧面积＋底面积
$$=70+25=95\text{(cm}^2\text{)}$$

▶ 圆锥的表面积

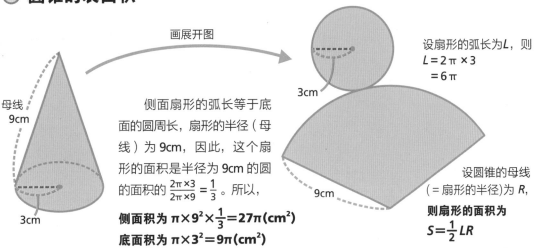

画展开图

设扇形的弧长为 L，则
$$L=2\pi\times3$$
$$=6\pi$$

母线
9cm

侧面扇形的弧长等于底面的圆周长，扇形的半径（母线）为 9cm，因此，这个扇形的面积是半径为 9cm 的圆的面积的 $\frac{2\pi\times3}{2\pi\times9}=\frac{1}{3}$。所以，

侧面积为 $\pi\times9^2\times\frac{1}{3}=27\pi\text{(cm}^2\text{)}$

底面积为 $\pi\times3^2=9\pi\text{(cm}^2\text{)}$

设圆锥的母线（＝扇形的半径)为 R，
则扇形的面积为
$$S=\frac{1}{2}LR$$

圆锥的表面积＝侧面积＋底面积＝27π＋9π＝36π(cm²)

▶ 球的表面积

球的表面积等于刚好可以把这个球放进其中的圆柱的侧面积。

半径为 r 的球的表面积公式为

$$S=2\pi r\times2r=4\pi r^2$$

底面的 圆柱
圆周长 的高

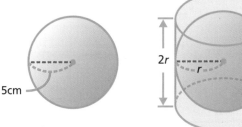

半径为 5cm 的球的表面积为
$$S=4\pi r^2=4\times\pi\times5^2=100\pi\text{(cm}^2\text{)}$$

三角函数

若已知直角三角形的一条边长与一个锐角，则可用三角函数求其余的边长。

▶ 锐角的三角函数

在 $\angle C = 90°$ 的直角三角形 ABC 中，锐角 A 的三角函数定义如下：

$\dfrac{BC}{AC}$ 称为 $\angle A$ 的**正切**，记成 $\tan A$。←**以 A 表示 $\angle A$ 的大小。**

$\dfrac{BC}{AB}$ 称为 $\angle A$ 的**正弦**，记成 $\sin A$。

$\dfrac{AC}{AB}$ 称为 $\angle A$ 的**余弦**，记成 $\cos A$。

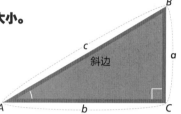

正切、正弦、余弦统称为**三角函数**。

$$\tan A = \frac{a}{b} \qquad \sin A = \frac{a}{c} \qquad \cos A = \frac{b}{c}$$

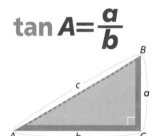 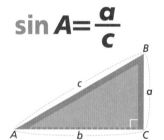 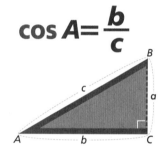

下面的直角三角形中，$\angle A$ 的三角函数值如下所示：

$\sin 30° = \dfrac{1}{2}$

$\cos 30° = \dfrac{\sqrt{3}}{2}$

$\tan 30° = \dfrac{1}{\sqrt{3}} = \dfrac{\sqrt{3}}{3}$

$\sin 45° = \dfrac{1}{\sqrt{2}} = \dfrac{\sqrt{2}}{2}$

$\cos 45° = \dfrac{1}{\sqrt{2}} = \dfrac{\sqrt{2}}{2}$

$\tan 45° = 1$

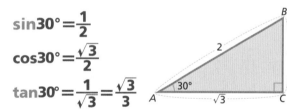

设有一个锐角 $\angle XAY$，从其一边 AY 上的点 B 作另一边 AX 的垂线 BC，则 $\dfrac{BC}{AC}$、$\dfrac{BC}{AB}$、$\dfrac{AC}{AB}$ 分别为定值，且其值只依 $\angle A$ 的大小而定。

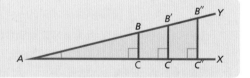

由三角函数值求角的大小

从正弦和余弦表、正切和余切表中可查得正弦、余弦、正切的值。例如，设 $\sin A = 0.6$，则从正弦和余弦表的正弦值中，寻找与 0.6 接近的值，$\sin 37° = 0.6018$，所以可求得 $\angle A$ 大约为 37°。

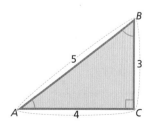

求左图中，$\angle A$ 和 $\angle B$ 的大小。

$\tan A = \dfrac{3}{4} = 0.75$ ➡ 通过查正切和余切表可知

$\tan 37° = 0.7536$，所以 $\angle A$ 大约为 37°

$\cos B = \dfrac{3}{5} = 0.6$ ➡ 通过查正弦和余弦表可知

$\cos 53° = 0.6018$，所以 $\angle B$ 大约为 53°

由三角函数值求边的长度

在右图的直角三角形 ABC 中，若知 $\tan A$ 和 b 的值，则 a 的值可由 $a = b \tan A$ 求得。

若知 c 和 $\sin A$、$\cos A$ 的值，则 a 的值可由 $a = c \sin A$ 求得，b 的值可由 $b = c \cos A$ 求得。

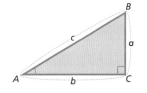

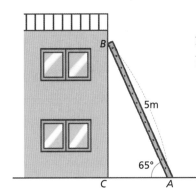

如左图，长 5m 的梯子 AB 靠在墙上。梯子和地面的夹角为 $65°$，求梯子顶端距离地面的高度 BC 和梯脚与墙壁的距离 AC 分别为多少？

$$BC = AB\sin 65° = 5 \times \sin 65° = 5 \times 0.9063 = 4.5315 \approx 4.5$$

$$AC = AB\cos 65° = 5 \times \cos 65° = 5 \times 0.4226 = 2.113 \approx 2.1$$

因此，**BC 约为 4.5m，AC 约为 2.1m**。

≈是表示"大约等于"的符号。

锐角三角函数的相互关系

在右上角的直角三角形 ABC 中，$\tan A = \dfrac{a}{b}$，且 $a = c\sin A$，$b = c\cos A$，所以

$$\tan A = \frac{c \sin A}{c \cos A} = \frac{\sin A}{\cos A}$$

正切与正弦、余弦的关系

又根据勾股定理，$a^2 + b^2 = c^2$

把 $a = c\sin A$、$b = c\cos A$ 代入，则

$$(c \sin A)^2 + (c \cos A)^2 = c^2$$

两边同除以 c^2，$(\sin A)^2 + (\cos A)^2 = 1$ ← 把 $(\sin A)^2$ 记成 $\sin^2 A$，$(\cos A)^2$ 记成 $\cos^2 A$。

$$\sin^2 A + \cos^2 A = 1$$

正弦和余弦的平方和

设 $\angle A$ 为锐角，当 $\sin A = \dfrac{5}{13}$ 时，求 $\cos A$、$\tan A$ 的值。

$\sin^2 A + \cos^2 A = 1$，所以 $\left(\dfrac{5}{13}\right)^2 + \cos^2 A = 1$，$\cos^2 A = 1 - \dfrac{25}{169} = \dfrac{144}{169}$

因 $\cos A > 0$，所以 $\cos A = \sqrt{\dfrac{144}{169}} = \dfrac{12}{13}$

因 $\tan A = \dfrac{\sin A}{\cos A}$，所以 $\tan A = \dfrac{5}{13} \div \dfrac{12}{13} = \dfrac{5}{12}$

90°−A 的三角函数

在右图的直角三角形 ABC 中，$\angle B = 90° - \angle A$。

$\sin(90° - A) = \cos A$ ← $\sin B = \dfrac{b}{c} = \cos A$

$\cos(90° - A) = \sin A$ ← $\cos B = \dfrac{a}{c} = \sin A$

$\tan(90° - A) = \dfrac{1}{\tan A}$ ← $\tan B = \dfrac{b}{a} = \dfrac{1}{\tan A}$

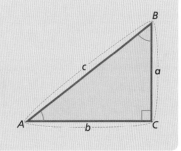

▶ 三角函数与坐标

前面我们利用直角三角形来思考锐角（$0° < \theta < 90°$）的三角函数。现在我们利用平面坐标，把三角函数扩展到钝角（$90° < \theta < 180°$）。

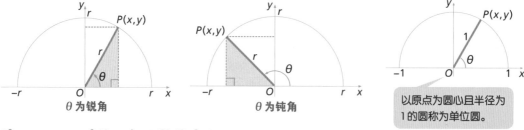

θ 为锐角 　　　　 θ 为钝角

以原点为圆心且半径为1的圆称为单位圆。

$0° \leqslant \theta \leqslant 180°$ 的三角函数的定义

在坐标平面上，以原点 O 为圆心，半径为 r 的圆中，设从 x 轴的正方向往左转（逆时针方向）角 θ 时的半径为 OP，并设点 P 的坐标为（x，y）。这时，角 θ 的三角函数定义如下：

$$\sin\theta = \frac{y}{r}, \quad \cos\theta = \frac{x}{r}, \quad \tan\theta = \frac{y}{x}$$

不过，当 $\theta = 90°$ 时，$x = 0$，所以 $\tan\theta$ 无法定义。

在半径为 2 的圆中，设 $\theta = 150°$，则点 P 的坐标为（$-\sqrt{3}$，1），所以 150° 的三角函数值为

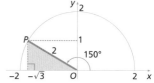

$$\sin150° = \frac{1}{2}, \quad \cos150° = -\frac{\sqrt{3}}{2}, \quad \tan150° = -\frac{1}{\sqrt{3}} = -\frac{\sqrt{3}}{3}$$

由三角函数值求角的大小

设 $0° \leqslant \theta \leqslant 180°$，求满足下列三角函数值的 θ 值。

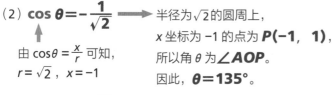

（1）$\sin\theta = \dfrac{\sqrt{3}}{2}$
　　↑
由 $\sin\theta = \dfrac{y}{r}$ 可知，
$r = 2$，$y = \sqrt{3}$
➡ 半径为 2 的圆周上，y 坐标为 $\sqrt{3}$ 的点有 $P(1, \sqrt{3})$、$Q(-1, \sqrt{3})$ 两点，所以角 θ 为 $\angle AOP$ 和 $\angle AOQ$。
因此，$\theta = 60°$ 或 $120°$。

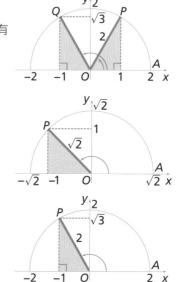

（2）$\cos\theta = -\dfrac{1}{\sqrt{2}}$
　　↑
由 $\cos\theta = \dfrac{x}{r}$ 可知，
$r = \sqrt{2}$，$x = -1$
➡ 半径为 $\sqrt{2}$ 的圆周上，x 坐标为 -1 的点为 $P(-1, 1)$，所以角 θ 为 $\angle AOP$。
因此，$\theta = 135°$。

（3）$\tan\theta = -\sqrt{3}$
　　↑
由 $\tan\theta = \dfrac{y}{x}$ 可知，
$x = -1$，$y = \sqrt{3}$
➡ 半径为 2 的圆周上，x 坐标为 -1，y 坐标为 $\sqrt{3}$ 的点为 $P(-1, \sqrt{3})$，所以角 θ 为 $\angle AOP$。
因此，$\theta = 120°$。

θ 为 0°、90°、180° 的三角函数值

$\sin0° = 0$	$\cos0° = 1$	$\tan0° = 0$	在单位圆中，
$\sin90° = 1$	$\cos90° = 0$	$\tan90°$无法定义	当 θ 为 0°、90°、180° 时，
$\sin180° = 0$	$\cos180° = -1$	$\tan180° = 0$	点 P 的坐标分别为 $(1, 0)$、$(0, 1)$、$(-1, 0)$

三角函数的相互关系

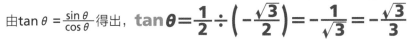

如左图，当点 P 位于单位圆的圆周上时，设 P 的坐标为 (x, y)，且设 OP 与 x 轴正方向的夹角为 θ，则根据正弦、余弦的定义得出 $\sin\theta = y$，$\cos\theta = x$，所以点 P 的坐标 (x, y) 为 $x = \cos\theta$，$y = \sin\theta$。根据正切的定义可知：

$$\tan\theta = \frac{y}{x} = \frac{\sin\theta}{\cos\theta}$$

从 P 作 x 轴的垂线 PH，根据勾股定理，$PH^2 + OH^2 = OP^2$。

在此，若 $0° \leqslant \theta \leqslant 90°$，则 $PH = \sin\theta$，$OH = \cos\theta$

若 $90° \leqslant \theta \leqslant 180°$，则 $PH = \sin\theta$，$OH = -\cos\theta$

因此，由 $PH^2 + OH^2 = OP^2 = 1$，可得 $\sin^2\theta + \cos^2\theta = 1$

把 $\sin^2\theta + \cos^2\theta = 1$ 的两边都除以 $\cos^2\theta$，则

$$\tan^2\theta + 1 = \frac{1}{\cos^2\theta} \quad \longleftarrow \quad \frac{\sin^2\theta}{\cos^2\theta} = \tan^2\theta$$

这个相互关系与锐角三角函数的关系相同。

当 $0° \leqslant \theta \leqslant 180°$ 时，若 $\cos\theta = -\frac{\sqrt{3}}{2}$，求 $\sin\theta$、$\tan\theta$ 的值。

把 $\cos\theta = -\frac{\sqrt{3}}{2}$ 代入 $\sin^2\theta + \cos^2\theta = 1$，整理后可得 $\sin^2\theta = \frac{1}{4}$

由 $\cos\theta < 0$ 可知 θ 为钝角，$\sin\theta > 0$，所以 $\sin\theta = \sqrt{\frac{1}{4}} = \frac{1}{2}$

由 $\tan\theta = \frac{\sin\theta}{\cos\theta}$ 得出，$\tan\theta = \frac{1}{2} \div \left(-\frac{\sqrt{3}}{2}\right) = -\frac{1}{\sqrt{3}} = -\frac{\sqrt{3}}{3}$

180°−θ 的三角函数

如右图，在单位圆的圆周上取点 P 和点 Q，使 $\angle AOP = \theta$，$\angle AOQ = 180° - \theta$。由于点 P 和点 Q 关于 y 轴对称，所以若设点 P 的坐标为 (x, y)，则点 Q 的坐标为 $(-x, y)$。因此，

$\sin\theta = y$, $\sin(180° - \theta) = y$

$\cos\theta = x$, $\cos(180° - \theta) = -x$

$\tan\theta = \frac{y}{x}$, $\tan(180° - \theta) = -\frac{y}{x}$

故得出下列关系式：

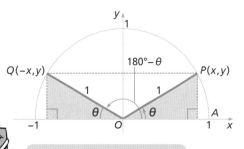

若 θ 为锐角，则 $180° - \theta$ 为钝角。

180°−θ 的三角函数

$\sin(180° - \theta) = \sin\theta$ $\cos(180° - \theta) = -\cos\theta$ $\tan(180° - \theta) = -\tan\theta$

利用正弦和余弦表以及正切和余切表，求 $130°$ 的三角函数值。

$\sin 130° = \sin(180° - 50°) = \sin 50° = 0.7660$

$\cos 130° = \cos(180° - 50°) = -\cos 50° = -0.6428$

$\tan 130° = \tan(180° - 50°) = -\tan 50° = -1.1918$

▶ 正弦定理

通过三角形 ABC 的三个顶点的圆，称为三角形 ABC 的**外接圆**。

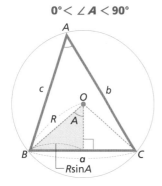
$0° < \angle A < 90°$

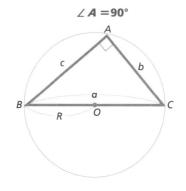
$\angle A = 90°$

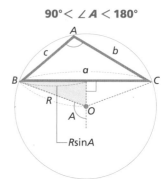
$90° < \angle A < 180°$

设 $\triangle ABC$ 的外接圆的圆心为 O，半径为 R，则由圆周角与圆心角的关系，可知角 A 的大小等于 $\angle BOC$ 的一半。

由上图可知，$a = 2R\sin A$，

所以 $\dfrac{a}{\sin A} = 2R$。

同理，$\dfrac{b}{\sin B} = 2R$，$\dfrac{c}{\sin C} = 2R$。

因此可得右侧的正弦定理。

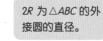

> $2R$ 为 $\triangle ABC$ 的外接圆的直径。

> **正弦定理**
> $$\frac{a}{\sin A} = \frac{b}{\sin B} = \frac{c}{\sin C} = 2R$$
> *R 为 $\triangle ABC$ 的外接圆的半径。

▶ 余弦定理

如右图，设置以点 A 当作原点、直线 AB 当作 x 轴的坐标轴，从顶点 C 作 x 轴的垂线 CH，则 A、B、C、H 四点的坐标如下：

$A(0, 0)$、$B(c, 0)$、$C(b\cos A, b\sin A)$、$H(b\cos A, 0)$

在 $\triangle BCH$ 中，根据勾股定理，$BC^2 = BH^2 + CH^2$，

所以 $a^2 = (c - b\cos A)^2 + (b\sin A)^2$

$\qquad = c^2 - 2bc\cos A + b^2(\sin^2 A + \cos^2 A)$

$\sin^2 A + \cos^2 A = 1$，所以，

$$a^2 = b^2 + c^2 - 2bc\cos A \quad \cdots ①$$

同理，可以得出下列等式：

$$b^2 = c^2 + a^2 - 2ca\cos B \quad \cdots ②$$
$$c^2 = a^2 + b^2 - 2ab\cos C \quad \cdots ③$$

①②③统称为**余弦定理**。

余弦定理 →

> 根据余弦定理可知：
> $$\cos A = \frac{b^2 + c^2 - a^2}{2bc}$$
> $$\cos B = \frac{c^2 + a^2 - b^2}{2ca}$$
> $$\cos C = \frac{a^2 + b^2 - c^2}{2ab}$$

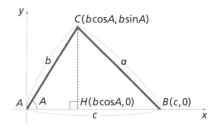

利用余弦定理判定三角形的形状

设三角形的三条边长 a、b、c 之中，a 最大（斜边），则

$a^2 < b^2 + c^2 \iff \cos A > 0$，$\angle A < 90°$，**锐角三角形**

$a^2 = b^2 + c^2 \iff \cos A = 0$，$\angle A = 90°$，**直角三角形**

$a^2 > b^2 + c^2 \iff \cos A < 0$，$\angle A > 90°$，**钝角三角形**

> 可由最大边的平方与其他两边的平方和的大小来判断三角形的种类。

利用正弦定理、余弦定理解决问题！

（1）从两个地点 A、B 望向河川对面的地点 C，可得 $\angle ABC =$ 80°，$\angle BAC = 60°$。若 A、B 间的距离为 10m，则 A、C 间的距离为多少？

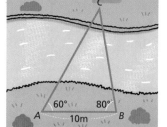

在△ABC 中，$\angle ACB = 180° - (80° + 60°) = 40°$

设 $AC = b$，

根据正弦定理，

$$\frac{b}{\sin 80°} = \frac{10}{\sin 40°}$$ ← 利用 $\frac{b}{\sin B} = \frac{c}{\sin C}$

通过正弦和余弦表查出 sin80° 和 sin40° 的值：

sin80° = 0.9848，sin40° = 0.6428，所以

↓ 变形

$$b = \frac{10\sin 80°}{\sin 40°} = \frac{10 \times 0.9848}{0.6428} = 15.32\cdots$$ ← $b = \frac{c\sin B}{\sin C}$

A、C 间的距离约 15.3m。

（2）在△ABC 中，若 $b = \sqrt{2}$，$c = 1 + \sqrt{3}$，$\angle A = 45°$，求其余的边长及角的大小。

根据余弦定理，

$$\begin{aligned}
a^2 &= b^2 + c^2 - 2bc\cos A \\
&= (\sqrt{2})^2 + (1 + \sqrt{3})^2 - 2\sqrt{2}(1 + \sqrt{3})\cos 45° \\
&= 2 + (4 + 2\sqrt{3}) - 2(1 + \sqrt{3}) \\
&= 4
\end{aligned}$$

↑ $\cos 45° = \frac{\sqrt{2}}{2}$

$a > 0$，所以 $a = 2$

根据正弦定理， $\frac{2}{\sin 45°} = \frac{\sqrt{2}}{\sin B}$ ← 利用 $\frac{a}{\sin A} = \frac{b}{\sin B}$

$\sin B = \frac{\sqrt{2}}{2}\sin 45° = \frac{\sqrt{2}}{2} \times \frac{\sqrt{2}}{2} = \frac{1}{2}$ ← $\sin 45° = \frac{\sqrt{2}}{2}$

> 最大边 c 所对的 $\angle C$ 为最大角，所以 $\angle B$ 不是最大角。

所以，**$\angle B = 30°$ 或 $\angle B = 150°$**

$\angle A + \angle B + \angle C = 180°$，$\angle A = 45°$，所以 $\angle B = 150°$ 不符合条件。

因此，**$\angle B = 30°$**

$\angle C = 180° - (\angle A + \angle B) = 180° - (45° + 30°) = 105°$

一般角的三角函数

如果以单位圆的半径旋转来定义角，则可根据旋转的量和旋转的方向来思考负角和大于360°的角。像这样扩展的角，称为一般角。当把角 θ 扩展为一般角时，所得的函数 sin θ、cos θ、tan θ 称为一般角 θ 的**三角函数**。

向量

向量是具有方向和大小的量。

▶ 向量是什么？

在平面上，以点 A 为起点、点 B 为终点的具有方向的线段，称为**有向线段 AB**。一个有向线段，若不管它的位置，而只着眼于它的方向和大小，则称为**向量**。

有向线段 AB 所表示的向量记作 $\overrightarrow{AB}$，有向线段 AB 的长度称为向量的大小，记作 $|\overrightarrow{AB}|$。

另外，向量有时也会记作 $\vec{a}$ 这样，以一个字母加上箭头来表示。$\vec{a}$ 的大小则记作 $|\vec{a}|$。

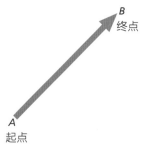
终点

起点

长度表示大小，箭头表示方向。

相等向量

若两个向量 $\overrightarrow{AB}$ 和 $\overrightarrow{CD}$ 的方向相同，大小相等，则称 $\overrightarrow{AB}$ 和 $\overrightarrow{CD}$ 为相等向量，记作 $\overrightarrow{AB} = \overrightarrow{CD}$。

若有向线段 AB 和 CD 平行且长度相等，把其中一个平行移动，则可以和另一个重合。

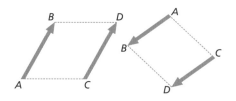

相反向量

和向量 $\vec{a}$ 大小相等但方向相反的向量，称为 $\vec{a}$ 的**相反向量**，记作 $-\vec{a}$。

若 $\vec{a} = \overrightarrow{AB}$，则 $-\vec{a} = \overrightarrow{BA}$。

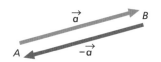

向量的和

有两个向量 $\vec{a}$ 和 $\vec{b}$，先取点 A，再取点 B、点 C，使 $\vec{a} = \overrightarrow{AB}$、$\vec{b} = \overrightarrow{BC}$，则可确定向量 $\overrightarrow{AC}$。规定 $\overrightarrow{AC}$ 为 $\vec{a}$ 和 $\vec{b}$ 之和，记成 $\vec{a} + \vec{b}$。

$$\overrightarrow{AB} + \overrightarrow{BC} = \overrightarrow{AC}$$

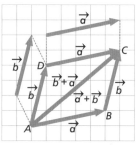
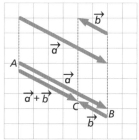

$$\overrightarrow{AB} + \overrightarrow{BC} = \overrightarrow{AC}$$

向量的差

有两个向量 $\vec{a} = \overrightarrow{OA}$，$\vec{b} = \overrightarrow{OB}$，设 $\vec{x} = \overrightarrow{BA}$，因为

$$\overrightarrow{OB} + \overrightarrow{BA} = \overrightarrow{OA}$$

所以 $\vec{b} + \vec{x} = \vec{a}$。

规定 $\vec{x}$ 为 $\vec{a}$ 减 $\vec{b}$ 之差，记成 $\vec{x} = \vec{a} - \vec{b}$。

$$\overrightarrow{OA} - \overrightarrow{OB} = \overrightarrow{BA}$$

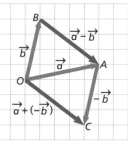
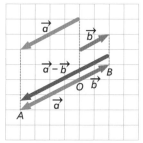

$$\overrightarrow{OA} - \overrightarrow{OB} = \overrightarrow{BA}$$

向量的数乘

非零向量 $\vec{a}$ 和实数 k 的积 $k\vec{a}$ 是一个向量，这种运算叫作向量的数乘。

若 $k > 0 \longrightarrow$ 方向和 $\vec{a}$ 相同，大小为 $|\vec{a}|$ 的 k 倍的向量

若 $k < 0 \longrightarrow$ 方向和 $\vec{a}$ 相反，大小为 $|\vec{a}|$ 的 k 倍的向量

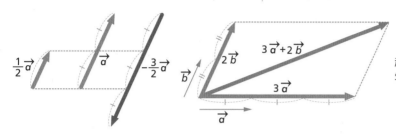

零向量

像 $\overrightarrow{AA}$ 这样，有向线段的起点和终点相同的向量，称为零向量，记作 $\vec{0}$。

实数

有理数和无理数合称实数。

向量的平行和单位向量

若两个非零向量 $\vec{a}$、$\vec{b}$ 的方向相同或相反，则称 $\vec{a}$ 和 $\vec{b}$ 平行，记作 $\vec{a} /\!/ \vec{b}$。

关于向量的平行，根据向量数乘的定义，可得出下列结论：
若 $\vec{a} \neq \vec{0}$，$\vec{b} \neq \vec{0}$，则 **$\vec{a} /\!/ \vec{b} \longleftrightarrow \vec{b} = k\vec{a}$**（$k$ 为实数）

另外，关于平面上相异的三点，下列结论成立。

相异的三点 A、B、C 在同一条直线上 $\longleftrightarrow \overrightarrow{AC} = k\overrightarrow{AB}$

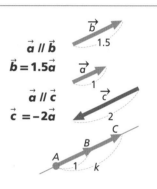

大小为 1 的向量称为单位向量。

在右图中，根据勾股定理，

$$AC = \sqrt{3^2 + 4^2} = \sqrt{25} = 5 \longleftrightarrow |\vec{b}| = 5$$

向量 $\vec{b}$ 的大小

若使用 $\vec{b}$ 来表示方向和 $\overrightarrow{AC}$ 相同，大小为 1 的向量 $\vec{d}$，则

$$\vec{d} = \frac{1}{|\vec{b}|}\vec{b} = \frac{1}{5}\vec{b}$$

单位向量

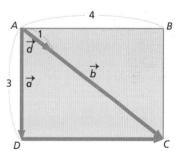

向量的分解

若平面上的两个非零向量 $\vec{a}$、$\vec{b}$ 不平行，则可使用 $\vec{a}$ 和 $\vec{b}$ 来表示这个平面上的任意向量。

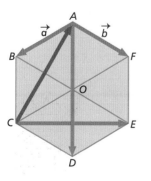

在左边的六边形 $ABCDEF$ 中，

$\overrightarrow{CE} = \overrightarrow{CD} + \overrightarrow{DE}$，又 $\overrightarrow{CD} = \overrightarrow{AF}$，$\overrightarrow{DE} = \overrightarrow{BA} = -\overrightarrow{AB}$，所以

$$\overrightarrow{CE} = \overrightarrow{AF} + \overrightarrow{BA} = \vec{b} - \vec{a}$$

$-\overrightarrow{AB} = -\vec{a}$

设六边形的中心为 O，则

$$\overrightarrow{CA} = \overrightarrow{CF} + \overrightarrow{FA} = -2\overrightarrow{AB} - \overrightarrow{AF} = -2\vec{a} - \vec{b}$$

$$\overrightarrow{AD} = 2\overrightarrow{AO} = 2(\overrightarrow{AB} + \overrightarrow{BO})$$

$$= 2(\overrightarrow{AB} + \overrightarrow{AF}) = 2(\vec{a} + \vec{b})$$

$CF /\!/ BA$，$CF = 2BA$

$AD = 2AO$，$\overrightarrow{BO} = \overrightarrow{AF}$

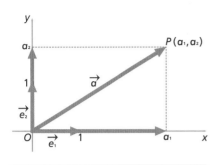

向量的坐标表示

在以 O 为原点的平面直角坐标系中，方向分别与 x 轴、y 轴的正方向相同的两个单位向量，称为**基本向量**，分别记作 $\vec{e_1}$、$\vec{e_2}$。

对于任意向量 $\vec{a}$，取 P 点使 $\vec{a}=\overrightarrow{OP}$，并且设其坐标为（$a_1$，$a_2$），则 $\vec{a}$ 可记作 $\vec{a}=a_1\vec{e_1}+a_2\vec{e_2}$。这种表示方法称为 $\vec{a}$ 的正交分解。

我们把（a_1，a_2）叫作向量 $\vec{a}$ 的坐标，记作

$$\vec{a}=(a_1，a_2)$$

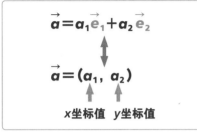

向量的大小

对于以坐标表示的向量来说，其大小如下所示：

若 $\vec{a}=(a_1，a_2)$，则 $|\vec{a}|=\sqrt{a_1{}^2+a_2{}^2}$

向量坐标的加减运算

若 $\vec{a}=(5，1)$，$\vec{b}=(-2，3)$，则 $\vec{a}$ 及 $\vec{b}$ 的和与差分别为

$$\vec{a}+\vec{b}=(5，1)+(-2，3)$$
$$=(5-2，1+3)=(3，4)$$
$$\vec{a}-\vec{b}=(5，1)-(-2，3)$$
$$=[5-(-2)，1-3]=(7，-2)$$

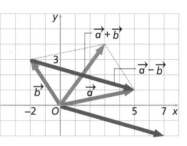

向量 $\vec{a}-\vec{b}$ 的起点和终点如右图所示。

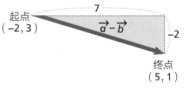

向量坐标的数乘

若 $\vec{a}=(3，-1)$，$\vec{b}=(-1，2)$，求 $2\vec{a}+3\vec{b}$。

$$2\vec{a}+3\vec{b}=2(3，-1)+3(-1，2)$$
$$=(6，-2)+(-3，6)$$
$$=(6-3，-2+6)$$
$$=(3，4)$$

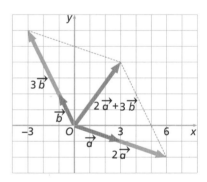

向量的坐标运算

和 $(a_1，a_2)+(b_1，b_2)=(a_1+b_1，a_2+b_2)$

差 $(a_1，a_2)-(b_1，b_2)=(a_1-b_1，a_2-b_2)$

数乘 $k(a_1，a_2)=(ka_1，ka_2)$（k 为实数）

分别计算 x 坐标值和 y 坐标值的和、差、数乘。

向量的分解

若 $\vec{a} = (3, 1)$，$\vec{b} = (-1, 1)$，则可把 $\vec{c} = (3, 5)$ 记成 $m\vec{a} + n\vec{b}$ 的形式，如下所示。

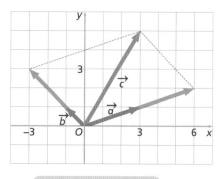

$$m\vec{a} + n\vec{b} = m(3, 1) + n(-1, 1)$$

＿＿＿ $k(a_1, a_2) = (ka_1, ka_2)$

$$= (3m - n, m + n)$$

这个向量与 $\vec{c} = (3, 5)$ 相等，所以

$$(3, 5) = (3m - n, m + n)$$
$$3m - n = 3, \quad m + n = 5$$

＿＿＿ 向量的相等

建立 m、n 的方程组，解方程组可得

$$m = 2, \quad n = 3，\text{所以，} \vec{c} = 2\vec{a} + 3\vec{b}$$

若记成 $m\vec{a} + n\vec{b}$ 的形式，则必须先把 $m\vec{a} + n\vec{b}$ 的坐标值记成 m、n 的式子，再和 $\vec{c}$ 的坐标建立 m、n 的方程组，最后求解。

向量 $\overrightarrow{AB}$ 的大小

已知点 $A(1, 2)$ 和点 $B(6, 5)$，求 $\overrightarrow{AB}$ 的大小。
$\overrightarrow{OA} = (1, 2)$，$\overrightarrow{OB} = (6, 5)$，所以

$$\overrightarrow{AB} = \overrightarrow{OB} - \overrightarrow{OA} = (6, 5) - (1, 2)$$

＿＿＿ 点B的坐标 ＿＿＿ 点A的坐标

$$= (6 - 1, 5 - 2) = (5, 3)$$

＿＿＿ 点B的y坐标-点A的y坐标
＿＿＿ 点B的x坐标-点A的x坐标

因此，$\left|\overrightarrow{AB}\right| = \sqrt{5^2 + 3^2} = \sqrt{34}$

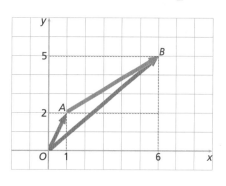

从 A、B 两点的坐标可知 $\overrightarrow{AB}$ 的大小。

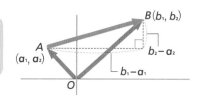

向量的坐标和大小

已知点 $A(a_1, a_2)$ 和点 $B(b_1, b_2)$，则

$$\overrightarrow{AB} = (b_1 - a_1, b_2 - a_2)$$
$$\left|\overrightarrow{AB}\right| = \sqrt{(b_1 - a_1)^2 + (b_2 - a_2)^2}$$

对于三点 $A(-3, -3)$、$B(2, -1)$、$C(4, 5)$，设点 D 可使四边形 $ABCD$ 成为平行四边形，求点 D 的坐标。

若使四边形 $ABCD$ 成为平行四边形，则只要 $\overrightarrow{AB} = \overrightarrow{DC}$ 即可。所以，设 $D(x, y)$，则

$$\overrightarrow{AB} = [2 - (-3), -1 - (-3)] = (5, 2)$$
$$\overrightarrow{DC} = (4 - x, 5 - y)$$

由 $\overrightarrow{AB} = \overrightarrow{DC}$ 可知，$4 - x = 5$，$5 - y = 2$

＿＿＿ 向量的相等

解此两式得

$$x = -1, \quad y = 3，\text{因此可得 } D(-1, 3)$$

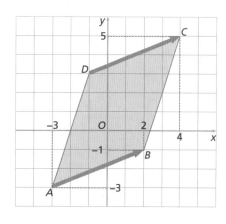

四边形 $ABCD$ 为平行四边形 $\Longleftrightarrow$ $\overrightarrow{AB} = \overrightarrow{DC}$（或 $\overrightarrow{AD} = \overrightarrow{BC}$）

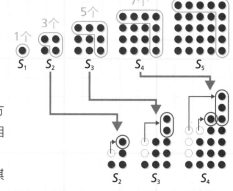

专栏

图形与数列

如右图所示，把黑棋子排列成正方形时，各个正方形所需的黑棋子个数称为**四角数**。

黑棋子呈正方形，因此当每一边排列的黑棋子个数为 1、2、3、4、5 时，各个正方形中黑棋子的个数 S_1、S_2、S_3、S_4、S_5 分别为

$$S_1=1^2=1, \ S_2=2^2=4, \ S_3=3^2=9, \ S_4=4^2=16, \ S_5=5^2=25$$

黑棋子总数是以每一边排列的黑棋子个数的平方来表示的，因此可称之为平方数。每一边排列的黑棋子个数为 n 的四角数 $S_n=n^2$。由此可知，四角数是平方数。

■奇数列的和

像 $\{1，3，5\}$ 或 $\{1，3，5，7\}$ 这种把奇数由小到大依序排列而成的数列，称为**奇数列**。由小到大依次求奇数列的和，可得

$$1=1^2$$
$$1+3=4=2^2$$
$$1+3+5=9=3^2$$
$$1+3+5+7=16=4^2$$
$$1+3+5+7+9=25=5^2$$
$$\cdots\cdots$$

由此可知，奇数列的和都是平方数，同样，各个平方数也可表示成相加的连续奇数的个数的平方。此外，如右图所示，如果移动一部分黑棋子，各个正方形会立刻变成奇数列。

若把奇数列的第 n 个奇数记成 $2n-1$，则奇数列的前 n 项之和如下所示：

$$S_n=1+3+5+7+\cdots+（2n-1）=n^2$$

把它倒过来看，也可以说，平方数可以记成奇数列的和。

■勾股定理与数列

符合**勾股定理** $a^2+b^2=c^2$ 的直角三角形的三条边长，常见的组合有 3、4、5 和 5、12、13。

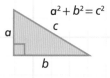

分别把 $3^2+4^2=5^2$ 和 $5^2+12^2=13^2$ 这两个等式左边的平方数写成奇数列的形式。

$$3^2+4^2=(\underline{1+3+5})+(1+3+5+7)=1+3+5+7+\underline{9}=25=5^2$$
$$5^2+12^2=(\underline{1+3+5+7+9})+(1+3+5+7+9+11+13+15+17+19$$
$$+21+23)$$
$$=1+3+5+7+9+11+13+15+17+19+21+23+\underline{25}$$
$$=169=13^2$$

左边 = 右边，由此可证，等式成立。

122

第3章

3

方程式与函数

一提起方程式和函数，人们总认为它们是复杂枯燥的数学知识，但它们在生活中非常实用。利用方程式可以轻松地解决问题，利用函数可以快速地完成计算。在这一章中，您将会深入了解方程式和函数在生活中的哪些场合能够派上用场。

代数式

代数式是用运算符号把数和字母连接而成的式子。单独一个数或一个字母也是代数式。

▶ 代数式是什么？

由数和表示数的字母经有限次加、减、乘、除、乘方和开方等代数运算所得到的式子，称为**代数式**。例如，x 个 100g 的物品的质量是 $100 \times x$，也就是 $100xg$，这个 $100x$ 即为代数式。

代数式的记法

● 3 个单价为 a 元的苹果的价格

❶ 含有字母的乘法可省略"×"号。表达字母和数字的积时，要把字母写在数字的后面。

$$(a \times 3)\text{元} \rightarrow 3a\text{元}$$

● 边长为 $x$cm 的正方体的体积

❷ 相同字母的积使用乘方的指数来表示。

$$(x \times x \times x)\text{cm}^3 \rightarrow x^3\text{cm}^3$$

● 1000mL 的果汁平分给 b 人，每人分到的量

❸ 含有字母的除法不使用"÷"号，而是记成分数的形式。

$$(1000 \div b)\text{mL} \rightarrow \frac{1000}{b}\text{mL}$$

- $b \times a \times (-5) = -5ab$
- $x \times x - 0.1 \times x \times y + 6 = x^2 - 0.1xy + 6$
- $2x \div 3 = \dfrac{2x}{3}$ $x \div (-4) = -\dfrac{x}{4}$
- $(m+n) \div 2 = \dfrac{m+n}{2}$

【注意】

- $b \times a$ 为 ba，但通常依照字母的排列顺序记成 ab。
- $x \div (-4) = x \times \left(-\dfrac{1}{4}\right)$，所以，$-\dfrac{x}{4}$ 也可以记作 $-\dfrac{1}{4}x$。同样，$\dfrac{2x}{3}$ 也可以记作 $\dfrac{2}{3}x$。

数量的表示方法

使用 π 表示半径为 r 的圆的周长 C 和面积 S

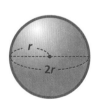

周长＝直径×圆周率

$$C = 2r \times \pi$$
$$= 2\pi r$$

面积＝半径×半径×圆周率

$$S = r \times r \times \pi$$
$$= \pi r^2$$

* π 为常数，所以写在数字的后面、字母的前面。

表示 a 小时和 b 分钟的和

● 以小时为单位表示 ➡ $\left(a + \dfrac{b}{60}\right)$ 小时

● 以分钟为单位表示 ➡ $(60a + b)$ 分钟

表示 $x$kg 的 3%

1 小时＝60 分钟
1 分钟＝$\dfrac{1}{60}$ 小时
1%＝$0.01 = \dfrac{1}{100}$

因为 3%＝$\dfrac{3}{100}$，

$$x \times \frac{3}{100} = \frac{3}{100}x \ (\text{kg})$$

单项式与多项式

| 单项式 | 像 $2a$ 这样，表示数字和字母乘积的代数式。x、-5 等单独的一个字母或一个数字，也可视为单项式。 |

| 多项式 | 像 $4a+3$、$2x^2+3xy+1$ 这样，表示几个单项式的代数和的式子。每一个单项式都称为这个多项式的项。在 $4a$ 这个项中，数字 4 称为 a 的系数。 |

| 式子的次数 | 单项式中相乘的字母的个数，称为这个单项式的次数。多项式里，次数最高的项的次数，称为这个多项式的次数。次数为 1 的式子称为一次式，次数为 2 的式子称为二次式。 |

$$5a = 5 \times a \quad \Rightarrow \text{次数为 } 1$$
$$\underbrace{}_{1\text{个}}$$
$$-3mn = -3 \times m \times n \quad \Rightarrow \text{次数为 } 2$$
$$\underbrace{}_{2\text{个}}$$
$$7x^2y = 7 \times x \times x \times y \quad \Rightarrow \text{次数为 } 3$$
$$\underbrace{}_{3\text{个}}$$

| 同类项 | 在多项式 $3x+2y$ 和 $-x+y$ 中，像 $3x$ 和 $-x$、$2y$ 和 y 这种字母部分相同的项，称为同类项。 |

x^2 和 x 的次数不同，不能称为同类项。

表示关系的式子

▶ 买 4 本单价为 a 元的笔记本和 6 支单价为 b 元的铅笔，合计花费 820 元。

▶ 像右边的式子这样，使用等号（＝）表示数量间关系的式子，称为**等式**。

用式子表示
↓
$$4a + 6b = 820$$
左边 ｜ 右边
└── 两边相等 ──┘

等式的变形

我们可以利用等式变形来求出某个字母的值。

● $\frac{1}{3}ab = 2$，求 b。

$$\frac{1}{3}ab = 2$$
两边乘 3
$$ab = 6$$
两边除以 a
$$b = \frac{6}{a}$$

● $y = 2(m-n)$，求 m。

$$y = 2(m-n)$$
两边除以 2
$$\frac{y}{2} = m - n$$
把右边的 $-n$ 移项到左边
$$\frac{y}{2} + n = m$$

▶ 代数式的值

用数值代表代数式里的字母，按照代数式中的运算关系计算得出的结果叫作代数式的值。

● 若 $x = -4$，$y = 3$，求 $5x + 2y^2$ 的值。

$$5x + 2y^2 = 5 \times (-4) + 2 \times 3^2 \quad \Leftarrow \text{把 } x = -4,\ y = 3 \text{ 代入}$$

$$= -20 + 18 = -2 \quad \text{代数式的值}$$

代数式的运算

在同一个代数式中，相同的字母代表相同的数，因此可以通过合并同类项来简化代数式。另外，一次式和数字、单项式和多项式的乘除运算，可以利用分配律。

加法·减法

第一个要诀是先找出同类项。

把同类项排在一起　利用分配律 $ab+ac=a(b+c)$

$$5x+2-3x-6=5x-3x+2-6=(5-3)x-4=2x-4$$

$$
\begin{aligned}
(2a+5b)+(3a-4b)&=2a+5b+3a-4b\\
&=2a+3a+5b-4b\\
&=5a+b
\end{aligned}
$$

将项重排，使同类项排在一起

合并同类项

$$
\begin{aligned}
3x^2-4x-(2x^2-6x)&=3x^2-4x-2x^2+6x\\
&=3x^2-2x^2-4x+6x\\
&=x^2+2x
\end{aligned}
$$

括号前为负号，所以去掉括号后，项的符号要改变

将项重排，使同类项排在一起

合并同类项

通分，变成分母为4的分数

$$
\begin{aligned}
\frac{x+y}{2}+\frac{x-y}{4}&=\frac{2(x+y)}{4}+\frac{x-y}{4}=\frac{2(x+y)+(x-y)}{4}\\
&=\frac{2x+2y+x-y}{4}=\frac{2x+x+2y-y}{4}\\
&=\frac{3x+y}{4}
\end{aligned}
$$

合并同类项

乘法·除法

试着将字母和数字分开思考。

利用分配律 $(a+b)\times c=ac+bc$

$$(4x-3)\times(-2)=4x\times(-2)+(-3)\times(-2)=-8x+6$$

$$
\begin{aligned}
(-2a)^2\times 3b&=(-2a)\times(-2a)\times 3b=(-2)\times(-2)\times 3\times a\times a\times b\\
&=(-2)^2\times 3\times a^2\times b=12a^2b
\end{aligned}
$$

$$8xy\div(-2x)=-\frac{8xy}{2x}=-4y$$

把 $\frac{8xy}{2x}$ 的"−"移到分数前面

$$\frac{1}{2}ab^2\div\frac{3}{4}b=\frac{ab^2}{2}\div\frac{3b}{4}=\frac{ab^2}{2}\times\frac{4}{3b}=\frac{a\times b\times b\times 4}{2\times 3\times b}=\frac{2ab}{3}$$

除法可以转化成乘法再进行计算 ⇨ 乘除数的倒数　　　约分

$$(-3x)^2\times y\div\frac{3}{2}xy^2=(-3x)^2\times y\times\frac{2}{3xy^2}=\frac{(-3x)^2\times y\times 2}{3xy^2}$$

$$=\frac{9x^2\times y\times 2}{3x\times y^2}=\frac{9\times x\times x\times y\times 2}{3\times x\times y\times y}=\frac{6x}{y}$$

▶ 代数式的展开

把多项式与多项式的乘积去掉括号，改成单项式的和的形式，称为**代数式的展开**。

利用分配律，去掉括号（把代数式展开）

$$2x(3x-4)=2x\times 3x-2x\times 4=6x^2-8x$$

$$(x+5)(x-3)=x\times x-x\times 3+5\times x-5\times 3$$
$$=x^2-3x+5x-15$$
合并同类项
$$=x^2+2x-15$$

$$(x-2)(x-3)=x^2+(-2-3)x+(-2)\times(-3)$$
利用公式 **1**
$$=x^2-5x+6$$

$$(x+6)^2=x^2+2\times 6\times x+6^2=x^2+12x+36$$
利用公式 **2**

$$(x-5)^2=x^2-2\times 5\times x+5^2=x^2-10x+25$$
利用公式 **3**

$$(x+4)(x-4)=x^2-4^2=x^2-16$$
利用公式 **4**

分配律

$$a(b+c)=ab+ac$$

$$(a+b)(c+d)$$

$$=ac+ad+bc+bd$$

乘法公式

1 $(x+a)(x+b)$
$$=x^2+(a+b)x+ab$$
2 $(x+a)^2$ → 和的平方
$$=x^2+2ax+a^2$$
3 $(x-a)^2$ → 差的平方
$$=x^2-2ax+a^2$$
4 $(x+a)(x-a)$ → 平方差
$$=x^2-a^2$$

▶ 因式分解

$$(x+2)(x+3)=x^2+5x+6$$

从这个等式来看，可以说是把 x^2+5x+6 以 $x+2$ 和 $x+3$ 的积来表示，$x+2$ 和 $x+3$ 称为 x^2+5x+6 的**因式**。把多项式以几个因式的积来表示，称为把这个多项式**因式分解**。

$$6a^2b+9ab^2=3ab\times 2a+3ab\times 3b$$
提取公因式
$$=3ab(2a+3b)$$

提取公因式：

$$ma+mb=m(a+b)$$

利用公式进行因式分解

因式分解是与展开代数式互逆的运算，因此把乘法公式的等号两边互换，即可拿来运用。

把 $x^2+7x+10$ 套入公式 **1**，则 $a+b=7$，$ab=10$，因此只要从 a、b 的积为 10 的数组中，找出和为 7 的数组即可。此处两数为 2 和 5，所以

$$x^2+7x+10=(x+2)(x+5)$$

$$x^2-6x+9=x^2-2\times 3\times x+3^2=(x-3)^2$$
$-6=-2\times 3$，$9=3^2$

$$x^2-4=x^2-2^2=(x+2)(x-2)$$
$4=2^2$

$$(x+a)(x+b)$$
展开 ↓   ↑ 因式分解
$$x^2+(a+b)x+ab$$

积为10	和为7
1, 10	×
−1, −10	×
2, 5	○
−2, −5	×

一元一次方程式

方程式简称方程，指含有未知数的等式。

▶ 一元一次方程式

只含有一个未知数，且未知数的最高次数为 1 的整式方程，称为**一元一次方程式**。一元一次方程式的标准形式为 $ax+b=0(a\neq0)$。使方程式成立的值称为**解**，求方程式的解的过程称为解方程式。

假设 1 个橘子的价格是 x 元，1 个苹果 13 元，买 1 个橘子和 1 个苹果，总共花了 21 元。可以把它用下面的方程式来表示：

$$x+13=21$$

橘子的　　苹果的　　　总价格
价格　　　价格

1个 X 元　　　1个 13 元

将 $x=6$、7、8、9 分别代入，检验方程式是否成立。

$x=6$时，$6+13=19$　　$x=7$时，$7+13=20$

$x=8$时，$8+13=21$　　$x=9$时，$9+13=22$

由此可知，$x=8$ 时，等式成立。因此，方程式的解是 8。

解方程式时，把原来的方程式变成 $x=\Box$ 的形式，即可求出解。

$$x+13=21$$
▼　　　　两边减去 **13**
$$x+13-13=21-13$$
▼
$$x=8 \quad\longleftarrow\ 方程式的解$$

为了消去左边的常数项，两边各减去 13。

求 $3x+13=37$ 的解。

$$3x+13=37$$
▼　　　　两边减去 **13**
$$3x+13-13=37-13$$
▼
$$3x=24$$
▼　　　　两边除以 X 的系数 **3**
$$x=8$$

等式的性质

设 $A=B$，则

1. $A+C=B+C$
2. $A-C=B-C$
3. $AC=BC$
4. $\dfrac{A}{C}=\dfrac{B}{C}\ (C\neq0)$
5. $B=A$

如上所示，要想把方程式变形，可使用右边的等式性质。等式的两边同时加上相同的数，或同时减去相同的数，或同时乘相同的数，或同时除以相同的数，等式仍然成立。我们可以利用这些性质将方程式变形。

▶ 一元一次方程式的解法

$$3x - 7 = 8 \quad \cdots ❶$$

两边加上 7

$$3x - 7 + 7 = 8 + 7$$

$$3x = 8 + 7 \quad \cdots ❷$$

$$3x = 15$$

两边除以 3

$$x = 5$$

在左边方程式的解法中，对比 ❶ 和 ❷ 这两个式子，❷ 中的 +7 可以看作把 ❶ 左边的 −7 改变符号，再移到右边。

在等式中，可以把一边的项改变符号再移到另一边。这个过程称为**移项**。

移项

$$3x - 7 = 8$$

移到右边

$$3x = 8 + 7$$

改变符号

解方程式的顺序

$$4x = -3x + 21$$

把 $-3x$ 移项

$$4x + 3x = 21$$

$$7x = 21$$

两边除以系数 7

$$x = 3$$

❶ 把含有 x 的项移项到左边，把常数项移项到右边。
❷ 变成 $ax = b$ 的形式。
❸ 两边除以 x 的系数。

$$3x - 5 = 9x + 13 \quad ❶$$

$$3x - 9x = 13 + 5 \quad ❷$$

$$-6x = 18 \quad ❸$$

$$x = -3$$

各种方程式及其解法

● 含有括号的方程式

$$5x - 2(2x + 1) = 6$$

含有括号的方程式要先把括号去掉

$$5x - 4x - 2 = 6$$

把 -2 移项

$$5x - 4x = 6 + 2$$

$$x = 8$$

注意去掉括号时的符号。

● 含有小数的方程式

$$1.4x - 1.8 = 0.5x + 2.7$$

要把系数化为整数，因此两边乘 10

$$14x - 18 = 5x + 27$$

把 -18，$5x$ 移项

$$14x - 5x = 27 + 18$$

合并同类项

$$9x = 45$$

两边除以系数 9

$$x = 5$$

利用等式的性质 ❸ $AC = BC$ 把式子变形。

● 含有分数的方程式

$$\frac{3}{4}x + \frac{1}{2} = \frac{1}{3}x + 1$$

要把系数化为整数，因此两边乘 4、2、3 的最小公倍数 12

$$\left(\frac{3}{4}x + \frac{1}{2}\right) \times 12 = \left(\frac{1}{3}x + 1\right) \times 12$$

$$9x + 6 = 4x + 12$$

把 $+6$，$4x$ 移项

$$9x - 4x = 12 - 6$$

将等式两边乘分母的最小公倍数，变成不含分数的形式，这个过程称为去分母。

$$5x = 6$$

两边除以系数 5

$$x = \frac{6}{5}$$

方程组

把两个以上的方程式组合在一起，称为方程组。

▶ 方程组

像 $x+y=12$ 这样含有两个未知数的一次方程式称为**二元一次方程式**。使二元一次方程式成立的数组，称为二元一次方程式的解。

把两个以上的方程式如下所示组合在一起，称为**方程组**。使方程组中的每个方程式都成立的数组，称为方程组的解。求方程组的解的过程，称为解方程组。

$$\begin{cases} 3x+y=36 \\ x+y=22 \end{cases}$$

3 个橘子　　　1 个苹果

🟠 🟠 🟠 ＋ 🍎 ➡ 36 元

1 个橘子　　　1 个苹果

⚪ ⚪ 🟠 ＋ 🍎 ➡ 22 元

相差　　　　　　　　相差

🟠 🟠 2 个橘子 ➡ **14 元**

列出只含 1 个未知数的方程式

设 1 个橘子的价格为 x 元，1 个苹果的价格为 y 元。如上图所示，分别计算方程组左右两边的差，可得 $2x=14$，由此解出 $x=7$，$y=15$。像这样，我们可以把联立方程式变形为只含 1 个未知数的方程式进行求解。

▶ 利用加减法求解

将两个方程式相加或相减，从而消去其中一个未知数的方法，称为加减消元法或加减法。

设 $A=B$，$C=D$

$$\begin{array}{r} A=B \\ +)\ \ C=D \\ \hline A+C=B+D \end{array} \qquad \begin{array}{r} A=B \\ -)\ \ C=D \\ \hline A-C=B-D \end{array}$$

$$\begin{cases} 5x+2y=16 & \cdots❶ \\ 3x+2y=12 & \cdots❷ \end{cases}$$

从❶的两边减去❷的两边，则

$$\begin{array}{r} 5x+2y=16 \\ -)\ \ 3x+2y=12 \\ \hline 2x\qquad =4 \\ x=2 \end{array}$$

> 因为 y 的系数相等，所以两个方程式相减后，成为只含 x 的方程式。将两个方程式转化成一个不含 x 或 y 的方程式，称为消元。

把 $x=2$ 代入❷，则

$$3×2+2y=12$$
$$2y=6$$
$$y=3$$

答案：$x=2$，$y=3$

$$\begin{cases} 3x+2y=1 & \cdots❶ \\ 4x-3y=-10 & \cdots❷ \end{cases}$$

把❶的两边乘 3，❷的两边乘 2，使 y 的系数的绝对值相等，再把两个方程式的两边相加，则

$$\begin{array}{r} ❶×3 \quad 9x+6y=3 \\ ❷×2 \quad +)\ \ 8x-6y=-20 \\ \hline 17x\qquad =-17 \\ x=-1 \end{array}$$

把 $x=-1$ 代入❶，则

$$3×(-1)+2y=1$$
$$2y=4$$
$$y=2$$

答案：$x=-1$，$y=2$

*答案也可以记作 $(x,y)=(2,3)$。

▶ 利用代入法求解

先利用一个方程式，将一个未知数用含有另一个未知数的代数式表示，然后代入另一个方程式，从而将解方程组转化成解两个一元一次方程式的方法，称为代入消元法或代入法。

$$\begin{cases} x-y=6 & \cdots ① \\ x=3y+10 & \cdots ② \end{cases}$$

把②代入①，则

$$(3y+10)-y=6$$
$$3y+10-y=6$$
$$3y-y=6-10$$
$$2y=-4$$
$$y=-2$$

> 根据②可知，$x=3y+10$，所以把①的 x 代换成 $3y+10$，以此消去 x，变成只含 y 的方程式。

把 $y=-2$ 代入②，则

$$x=3\times(-2)+10=4$$

__答案：$x=4$，$y=-2$__

另解

把①的 $-y$ 移项，则

$$x=y+6 \quad \cdots①'$$

①'和②的左边、右边分别相等，所以，

$$y+6=3y+10$$
$$y-3y=10-6$$
$$-2y=4$$
$$y=-2$$

把 $y=-2$ 代入①'，则

$$x=-2+6=4$$

__答案：$x=4$，$y=-2$__

▶ 各种方程组

含有括号的方程组，要先去除括号，整理后再求解。
系数含有分数或小数的方程组，要先将所有系数都化为整数，再求解。

$$\begin{cases} x-y=-1 & \cdots ① \\ \dfrac{2}{3}x+\dfrac{1}{4}y=3 & \cdots ② \end{cases}$$

把②的两边乘 12，去分母。

$$\frac{2}{3}x\times12+\frac{1}{4}y\times12=3\times12$$
$$8x+3y=36 \quad \cdots②'$$

由②'+①×3可得
$$11x=33,\ x=3$$

把 $x=3$ 代入①，则
$$3-y=-1,\ y=4$$

另解

也可以把①变成 $x=y-1$，再代入②' 求解。

形式为 $A=B=C$ 的方程组的解法

$$2x+y=x-y=x+y+2$$

▼

$$\begin{cases} 2x+y=x-y & \cdots ① \\ x-y=x+y+2 & \cdots ② \end{cases}$$

把①②进行移项整理，可得

$$\begin{cases} x+2y=0 & \cdots ①' \\ -2y=2 & \cdots ②' \end{cases}$$

由②'可得 $y=-1$
把 $y=-1$代入①'可得，$x=2$

> 形式为 $A=B=C$ 的方程组，可以列成下列组合中的任意一种来求解：
> $$\begin{cases} A=B \\ A=C \end{cases} \begin{cases} A=B \\ B=C \end{cases} \begin{cases} A=C \\ B=C \end{cases}$$
> 仔细挑选等式的组合，或许能使计算变得更简单。

左边的方程组也可以列成下面的组合：
$$\begin{cases} 2x+y=x-y & \cdots ① \\ 2x+y=x+y+2 & \cdots ② \end{cases}$$

一元二次方程式

只含有一个未知数（一元），并且未知的最高次数是 2（二次）的整式方程，称为一元二次方程式。

▶ 一元二次方程式

比如方程式 $x^2 - 10x + 24 = 0$ 只含一个未知数（x），且未知数的最高次数是 2（x^2），所以它是一元二次方程式。一元二次方程式的一般形式为 $ax^2 + bx + c = 0\,(a \neq 0)$。

使一元二次方程式成立的未知数的值，称为这个方程式的解（或根）。求一元二次方程式的解的过程，称为解一元二次方程式。

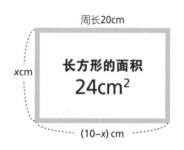

周长20cm

长方形的面积
24cm²

$x$cm

$(10-x)$ cm

在左图中，设宽为 $x$cm，则由周长为 20cm 可得长为 $(10-x)$cm，因此 $x(10-x) = 24$。把这个方程式进行移项，整理成 $x^2 - 10x + 24 = 0$。

将 1 到 9 的整数逐个代入方程式，当方程式成立时，x 的值就是解。

$x = 4$ 时，$4^2 - 10 \times 4 + 24 = 0$

$x = 6$ 时，$6^2 - 10 \times 6 + 24 = 0$

因此，4 和 6 都是 $x^2 - 10x + 24 = 0$ 的解。

一元二次方程式的解法

（1）利用配方法求解

$ax^2 + c = 0$ 的形式

$3x^2 - 12 = 0$

> 把 -12 移项

$3x^2 = 12$

> 两边除以 x^2 的系数3

$x^2 = 4$

> 求平方根

$x = \pm 2$

$x^2 + px + q = 0$ 的形式

$x^2 + 8x - 1 = 0$

> 把 -1 移项

$x^2 + 8x = 1$

> 两边加上 x 的系数 8 的一半的平方，把左边变成平方的形式

$x^2 + 8x + 4^2 = 1 + 4^2$

> 把左边因式分解，变成 $(x + \blacktriangle)^2 = \bullet$ 的形式，然后再求解

$(x + 4)^2 = 17$

$x + 4 = \pm \sqrt{17}$

$x = -4 \pm \sqrt{17}$

$(x + \blacktriangle)^2 = \bullet$ 的形式

$(x + 2)^2 = 25$ ← 先设 $x + 2 = X$，则 $X^2 = 25$，$X = \pm 5$

$x + 2 = \pm 5$

亦即，$x + 2 = 5$ 或 $x + 2 = -5$

因此，$x_1 = 3$，$x_2 = -7$

通常，我们会将 $x^2 + px$ 加上 x 的系数 p 的 $\dfrac{1}{2}$ 的平方，亦即 $\left(\dfrac{p}{2}\right)^2$，变成 $(x + \blacktriangle)^2$ 的形式。

$$x^2 + px + \left(\frac{p}{2}\right)^2 = \left(x + \frac{p}{2}\right)^2$$

一元二次方程式通常有两个解，但有些只有 1 个解，还有些没有实数解，却有两个不同的虚数解，比如 $x^2 + 1 = 0$。

(2) 利用求根公式求解

$$一元二次方程式的求根公式：ax^2+bx+c=0\ (a\neq0)\ 的解为\ x=\frac{-b\pm\sqrt{b^2-4ac}}{2a}$$

利用求根公式解 $2x^2-7x+3=0$。

将 $a=2$，$b=-7$，$c=3$ 代入求根公式：

$$x=\frac{-(-7)\pm\sqrt{(-7)^2-4\times2\times3}}{2\times2}$$

$$=\frac{7\pm\sqrt{49-24}}{4}=\frac{7\pm\sqrt{25}}{4}=\frac{7\pm5}{4}$$

因此，$x_1=3$，$x_2=\dfrac{1}{2}$

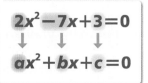

可以把 a、b、c 的值代入求根公式。

(3) 利用因式分解求解

$x^2+2x-8=0$ ← 利用因式分解的公式

把左边因式分解，则

$(x-2)(x+4)=0$ → 因为 $x-2$ 和 $x+4$ 的积为 0

$x-2=0$

或 $x+4=0$

因此，$x_1=2$，$x_2=-4$

> 设两个数 A、B，
> **若 $AB=0$**
> **则 $A=0$ 或 $B=0$**

$(x+4)^2=2x+7$ 〕 把左边展开 〕 变成 $ax^2+bx+c=0$

$x^2+8x+16=2x+7$ 〕 移项做整理 〕 的形式

$x^2+6x+9=0$

$(x+3)^2=0$ → 把左边因式分解

$x+3=0$

$x=-3$ ← *这个解可以看作两个重复的实数解，所以称为重解（重根）。

一元二次方程式的各种解法

按照下列三种方法解一元二次方程式 $x^2-4x-21=0$。

(1) 转化成 $(x+\blacktriangle)^2=\bullet$ 的形式再求解。→ $x^2-4x+4=25$ ➡ $(x-2)^2=25$ ➡ $x-2=\pm5$

(2) 利用求根公式求解。 ➡ $x=\dfrac{-(-4)\pm\sqrt{(-4)^2-4\times1\times(-21)}}{2\times1}=\dfrac{4\pm\sqrt{100}}{2}=2\pm5$

(3) 利用因式分解求解。 ➡ $(x+3)(x-7)=0$ ➡ $x+3=0$ 或 $x-7=0$

一元二次方程式的解的个数

设一元二次方程式 $ax^2+bx+c=0(a\neq0)$ 中 b^2-4ac 为 $\triangle$，则

*$\triangle=b^2-4ac$ 称为一元二次方程式的根的判别式。

(1) $\triangle>0$……有两个不同的实数根（解）。

(2) $\triangle=0$……有 1 个实数根（重解）。

(3) $\triangle<0$……没有实数根，有两个不同的虚数根（共轭复根）。

函数

设变量 y 为 x 的函数，则当确定一个 x 的值时，必定会确定一个 y 的值。

▶ 各种函数的图像

正比例函数

以 $y = ax(a \neq 0)$ 表示的函数

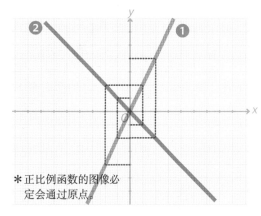

＊正比例函数的图像必定会通过原点。

❶ $y = 2x$

x	⋯	−2	−1	0	1	2	3	⋯
y	⋯	−4	−2	0	2	4	6	⋯

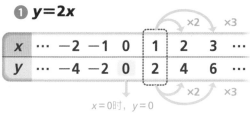

$x = 0$ 时，$y = 0$

❷ $y = -x$

x	⋯	−2	−1	0	1	2	3	⋯
y	⋯	2	1	0	−1	−2	−3	⋯

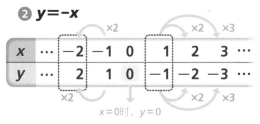

$x = 0$ 时，$y = 0$

＊x 的值变为 2 倍时，y 的值也变为 2 倍；x 的值变为 3 倍时，y 的值也变为 3 倍。

反比例函数

以 $y = \dfrac{a}{x}$ $(a \neq 0)$ 表示的函数

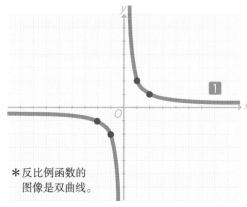

＊反比例函数的图像是双曲线。

❶ $y = \dfrac{2}{x}$

x	⋯	0	1	2	3	4	⋯
y	⋯	—	2	1	$\frac{2}{3}$	$\frac{1}{2}$	⋯

$x = 0$ 时，y 没有值

x	⋯	−4	−3	−2	−1	0	⋯
y	⋯	$-\frac{1}{2}$	$-\frac{2}{3}$	−1	−2	—	⋯

＊x 的值变为 2 倍时，y 的值变为原来的 $\frac{1}{2}$；x 的值变为 4 倍时，y 的值变为原来的 $\frac{1}{4}$。

一次函数

以 $y = ax + b(a \neq 0)$
表示的函数

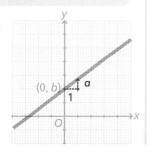

二次函数

以 $y = ax^2 + b$
表示的函数

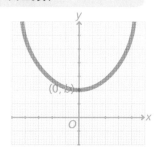

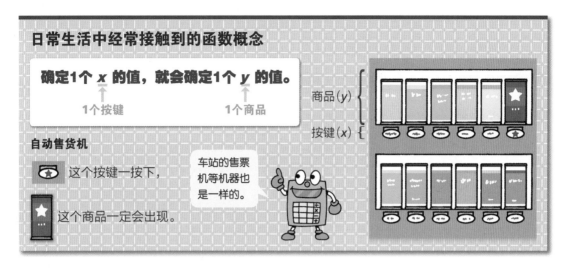

日常生活中经常接触到的函数概念

确定1个 *x* 的值，就会确定1个 *y* 的值。

1个按键　　　　1个商品

商品（*y*）

按键（*x*）

自动售货机

🔲 这个按键一按下，

📱 这个商品一定会出现。

车站的售票机等机器也是一样的。

▶ 坐标是什么？

在以 *x* 方向和 *y* 方向表示的平面上，使用 *x* 的值和 *y* 的值表示某个点的位置，这样的系统称为坐标。

以家为中心，说明下列各场所的位置。

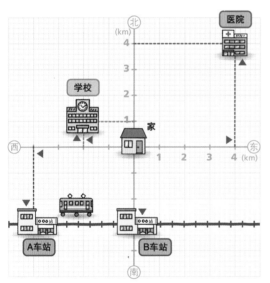

地图中常用的地理坐标

地理坐标是用纬度和经度表示地面点位置的球面坐标。纬度是地理坐标中的横坐标，经度是纵坐标。如图，*A* 点的地理坐标就可以表示为 **[39°N, 116°E]**。

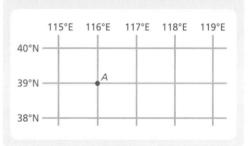

→答法 **1** 在东西方向是多少　　[答案]

　　　　2 在南北方向是多少

	1	**2**
医院	往东4km	往北4km
A车站	往西4km	往南3km

	1	**2**
学校	往西2km	往北1km
B车站	—	往南3km

把这个想法转换成坐标

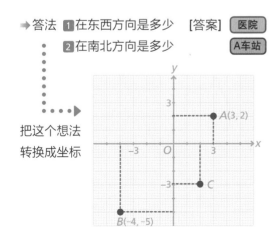

→ ***A*（3，2）:**　往 *x* 轴方向 3　　往 *y* 轴方向 2

　B（−4，−5）:　往 *x* 轴方向 −4　往 *y* 轴方向 −5

那么，*C* 点要如何表示呢?

x 轴方向为 2，*y* 轴方向为 −3

▼

[答案]　*C*（2，−3）

1 *x* 轴方向（东西）　**2** *y* 轴方向（南北）

第1章 数与式

第2章 图形

第3章 方程式与函数

第4章 概率与统计

一次函数与图像

形如 $y=ax+b$（a，b 为常数且 $a \neq 0$）的函数叫作一次函数。

▶ **一次函数**

$$y=ax+b$$

斜率 ↑   ↑ 截距

> 由截距可知，当 $x=0$ 时，$y=b$
> →图像通过（0，b）
> 由斜率可知，x 的值每增加 1，则 y 的值会增加 a
> →图像通过（$0+1$，$b+a$）

以 $y=2x+3$ 的图像为例

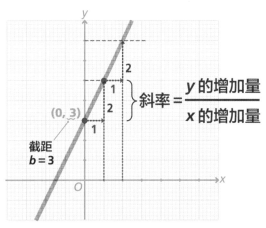

$$y=2x+3$$

斜率 ↑   ↑ 截距

$$斜率 = \frac{y\,的增加量}{x\,的增加量}$$

> · 由截距可知，$x=0$ 时，$y=3$ →
> 图像通过（0，3）
> · 由斜率为 2 可知，x 的值每增加
> 1，则 y 的值会增加 2 →图像通
> 过（$0+1$，$3+2$）=（1，5）

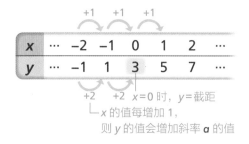

$x=0$ 时，$y=$ 截距
└ x 的值每增加 1，
则 y 的值会增加斜率 a 的值

改变斜率看看

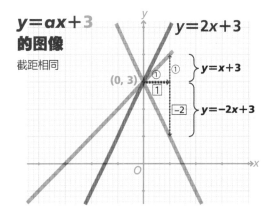

$y=ax+3$ 的图像

截距相同

- 若斜率为**正数**，则为朝右上倾斜的直线。
- 若斜率为**负数**，则为朝右下倾斜的直线。

截距相同而斜率不同的一次函数，其图像是以截距为中心呈放射状分布的直线。

改变截距看看

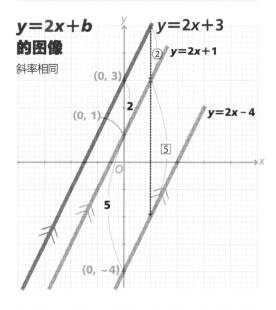

$y=2x+b$ 的图像

斜率相同

斜率相同而截距不同的一次函数，其图像是与 y 轴相交于不同点的平行直线。

从图像读取一次函数

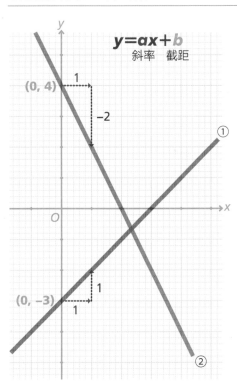

$$y=ax+b$$
斜率　截距

$\boxed{1}$ **找出图像的截距**

截距 b 为 $x=0$ 时的 y 值，亦即 y 轴上表示 $(0，b)$ 的点，所以

① **的截距 b 为 –3**

② **的截距 b 为 4**

$\boxed{2}$ **计算斜率**

$$斜率 = \frac{y\,的增加量}{x\,的增加量}$$

① **的斜率** $= \dfrac{1}{1} = 1$

② **的斜率** $= \dfrac{-2}{1} = -2$

斜率为 1 时，不必写 1。

由 $\boxed{1}$ **和** $\boxed{2}$ **可知，**

图像①的函数：$\boldsymbol{y=x-3}$
图像②的函数：$\boldsymbol{y=-2x+4}$

画一次函数的图像

● **画函数 $y=3x+1$ 的图像**

$\boxed{1}$ **1.取截距**

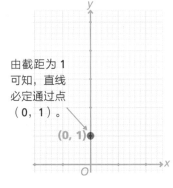

由截距为 1 可知，直线必定通过点 $(0，1)$。 $(0，1)$

2.取斜率

斜率为 3，因此从点 $(0，1)$ 往 x 轴方向前进 1、往 y 轴方向前进 3，取点 $(1，4)$。

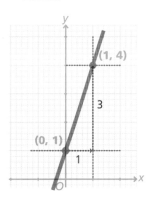

3.画连线

$\boxed{2}$ **取 x 和 y 的值**

把不同的 x 值代入函数，计算 y 的值。

$y=3x+1$

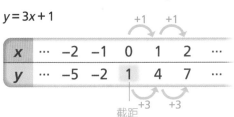

x	…	–2	–1	0	1	2	…
y	…	–5	–2	1	4	7	…

截距

⇨ 取点 $(-2，-5)$、$(-1，-2)$、$(0，1)$、$(1，4)$、$(2，7)$，画出连接各点的直线。

▶ 两条直线的交点

函数 $y=ax+b$、$y=mx+n$ 在平面上相交时，其交点的 x 坐标和 y 坐标即为方程组 $\begin{cases} y=ax+b \\ y=mx+n \end{cases}$ 的解。

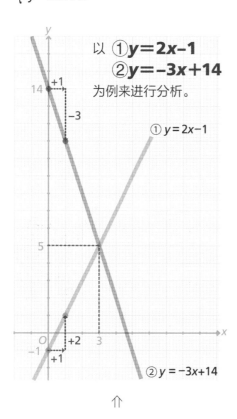

以 ① $y=2x-1$
② $y=-3x+14$
为例来进行分析。

⇑

交点为（3，5），所以解为

$$x=3,\ y=5$$

将式子变形，以便画出图像

$\begin{cases} -2x+y=-1 \\ 3x+y=14 \end{cases}$

⇓ 加以变形

$\begin{cases} y=2x-1 \\ y=-3x+14 \end{cases}$

↳ 转化为 "$y=ax+b$" 的形式

例如：

$-2x+y=-1$

移项到右边，变成 $+2x$。

---

① 画图像求交点

① $y=2x-1$ 的图像

截距 通过 y 轴上的（0，−1）

斜率 通过从（0，−1）往 x 轴方向进 1、往 y 轴方向进 2 的点（0+1，−1+2）=（1，1）

② $y=-3x+14$ 的图像

截距 通过 y 轴上的（0，14）

斜率 通过从（0，14）往 x 轴方向进 1、往 y 轴方向进 −3 的点（0+1，14−3）=（1，11）

由图可知，两者相交于 **(3，5)**

这个方程组的解为 **$x=3$，$y=5$**

② 代入数值进行检验

① $y=2x-1$

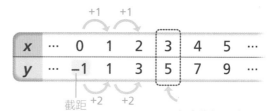

截距

两条直线都通过 **(3，5)**

② $y=-3x+14$

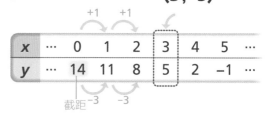

截距

不相交的直线

① $y=x+1$

② $y=x-1$

这两条直线的斜率都是 1。

斜率相同的直线平行。

不相交表示没有解。

▶ 函数图像与几何图形①

可以利用坐标求一次函数图像与 x 轴、y 轴围成的三角形的面积。

1 直线与 y 轴、x 轴围成的三角形的面积

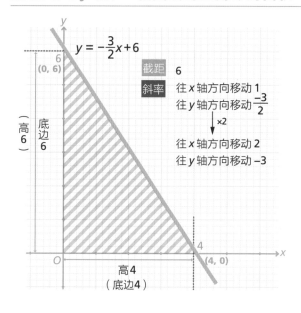

$y=-\dfrac{3}{2}x+6$、x轴、y轴围成的三角形

① 直线与 y 轴的交点

由截距 6 可得 **(0，6)** ←底边

② 直线与 x 轴的交点

由 $y=0$ 得出

$0=-\dfrac{3}{2}x+6$ ← 把 x 移项到左边

$\dfrac{3}{2}x=6$ ← 两边×2

$3x=12$

$x=4$，由此可得 **(4，0)** ←高
$\Downarrow$

$\underset{\text{底边}}{6}\times\underset{\text{高}}{4}\div2=12$ **面积为 12**

2 y 轴与两条直线围成的三角形的面积

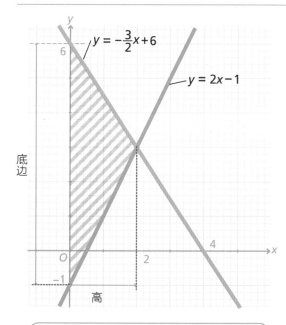

$y=-\dfrac{3}{2}x+6$、$y=2x-1$、y轴围成的三角形

① $y=-\dfrac{3}{2}x+6 \to$ 通过（0，6）

② $y=2x-1 \to$ 通过（0，-1）

$6+1=7 \to$ 底边为 7

> **思考面积时要用绝对值！**
> - 正数与负数之差的绝对值等于两数的绝对值之和。
> - 正数与正数、负数与负数相减时，要用绝对值较大者减去绝对值较小者。

③ 寻找两条直线的交点$\to\left(\underset{x}{2}，\underset{y}{3}\right)$

底边与 y 轴重合，高为交点的 x 值 2
$\Downarrow$

$7\times2\div2=7$ **面积为 7**

① 求各直线与 y 轴的交点。
　以 $x=0$ 计算。
② 求两条直线的交点。
　交点的 x 坐标值为三角形的高。
③ 以 "底边×高÷2" 求算面积。

观察图形，选定底边。
底边与 y 轴重合→交点的 x 值为高
底边与 x 轴重合→交点的 y 值为高

二次函数与图像

一般来说，我们把形如 $y=ax^2+bx+c$（$a \neq 0$）的函数叫作二次函数。

▶ 二次函数的图像

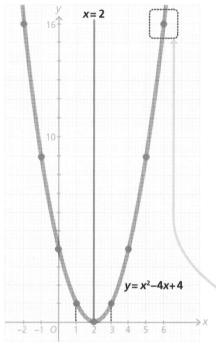

$y=x^2-4x+4$

$y=ax^2+bx+c$ 的图像

以 $y=x^2-4x+4$ 的图像为例

❶ 把整数代入 x，计算 y 的值。

x	⋯	−2	−1	0	1	2	3	4	5	6	⋯
y	⋯	16	9	4	1	0	1	4	9	16	⋯

*图像是以 y 值最小（大）的点为顶点的抛物线。
*图像是以直线 $x=2$ 为对称轴的轴对称图形。

❷ 把计算所得的点连接起来。

要诀：把点和点用平滑的曲线连接起来。

画图时要考虑一下 x 和 y 的取值范围，合理定义坐标轴的刻度大小。

图像的比较

依 a 值而定的抛物线的开口情况 a 值越大，抛物线的开口越小。

$y=\frac{1}{4}x^2-x+1$ $a=\frac{1}{4}$

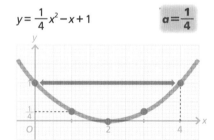

$y=x^2-2x+1$ $a=1$

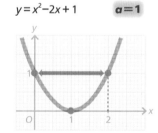

$y=4x^2-4x+1$ $a=4$

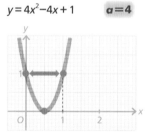

依 a 值而定的抛物线的方向

$y=x^2-2x+1$ $a=1$

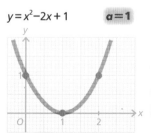

a 为正数时，图形为谷形
➡ 开口向上

$y=-x^2+2x-1$ $a=-1$

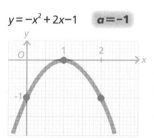

a 为负数时，图形为山形
➡ 开口向下

▶ 二次函数的性质

将二次函数的式子变形，可以更清楚地确认图像的位置。

1 基本形式 $y=ax^2+bx+c$

$y=x^2-6x+8$ 的图像

x	⋯	0	1	2	3	4	5	6	⋯
y	⋯	8	3	0	−1	0	3	8	⋯

←——— y 的值 ——→ *顶点 ←——— y 的值 ——→

*顶点

*以直线 $x=3$ 为对称轴的
轴对称图形

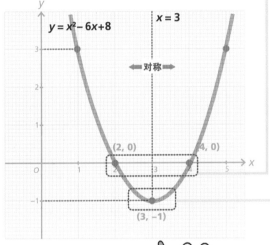

$a=1$ 为正数，所以图像
为谷形（开口向上）。

2 $y=a(x-p)(x-q)$

与 x 轴的交点为（p, 0）和（q, 0）

$$y=x^2-6x+8$$
$$=①(x^2-6x+8)$$

1 省略

思考哪两个数相加
为 −6、相乘为 8

因式分解

$$=(x-2)(x-4)$$

$y=0$ 时，$x=2$ 或 4
（转化成解方程式 $ax^2+bx+c=0$）
由此可知，通过点（2, 0）和（4, 0）。

3 $y=a(x-s)^2+t$

(s, t) 为顶点 { ・若 t 为正数，则顶点在 x 轴上方。
・若 t 为负数，则顶点在 x 轴下方。

$$y=x^2-6x+8$$
$$=1(x^2-⑥x)+8$$

6的 $\frac{1}{2}$

$$=(x-③)^2-9+8$$

展开后变成 $x^2-6x\boxed{+9}$，
多了9，所以加上 −9

$$=(x-3)^2-1$$

$x=3$ 时，$y=-1$

由此可知，顶点的坐标为（3, −1）。

▶ 二次函数与 x 轴的交点

把二次函数 $y=ax^2+bx+c$ 当作方程式来思考，即可明白它与 x 轴的位置关系。

设 $ax^2+bx+c=0$ 的判别式为 Δ，则解的个数和它与 x 轴的交点数相同。

判别式的种类	$\Delta=b^2-4ac>0$	$\Delta=b^2-4ac=0$	$\Delta=b^2-4ac<0$
解的个数	2个	1个	无解
图像（山形/谷形）			
与 x 轴的交点	2个	1个	不相交

▶ 与一次函数的交点

求 $y=x^2-2x-3$ 与 $y=x+15$ 的交点。

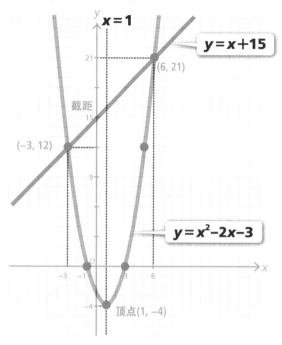

● $y=x^2-2x-3$ 的图像的值

x	...	-3	...	-1	...	1	...	3	...	5	...
y	...	12	...	0	...	-4	...	0	...	12	...

① 将 $y=x^2-2x-3$ 变形

② 因式分解 $y=a(x-p)(x-q)$

$=(x-3)(x+1)$

$x=3$ 或 -1 时, $y=0$

③ $y=a(x-s)^2+t$（确定顶点）

$=(x-1)^2-4$

$x=1$ 时, $y=-4$
→顶点 $(1, -4)$

温习一下第 141 页的内容。

求二次函数与一次函数的交点

求二次函数与一次函数的交点，就是解方程组

$$\begin{cases} ❶ y=x^2-2x-3 \\ ❷ y=x+15 \end{cases}$$

把 ❷ $y=x+15$ 代入 ❶ $y=x^2-2x-3$

$x+15=x^2-2x-3$

$0=x^2-2x-3-x-15$ 把 $x+15$ 移项到右边

$=x^2-3x-18$

$=(x-6)(x+3)$

亦即，在 $x=6$ 或 -3 时相交   代入 ❷

$x=6$ 时, $y=6+15=21$

$x=-3$ 时, $y=-3+15=12$

交点为 $(6, 21)$ 和 $(-3, 12)$

从交点求变化的相对程度

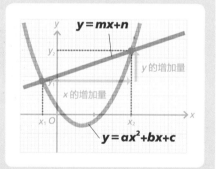

● 交点

解方程组 $\begin{cases} y=ax^2+bx+c \\ y=mx+n \end{cases}$

● 变化的相对程度

$\dfrac{y\text{ 的增加量}}{x\text{ 的增加量}}$

$=\dfrac{y_2-y_1}{x_2-x_1}$

$=m$

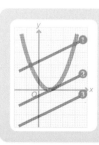

二次函数和直线的交点数

设（二次函数式）−（一次函数式）

为 $ax^2+bx+c=0$

判别式 $\Delta=b^2-4ac$

① $\Delta>0$ ② $\Delta=0$ ③ $\Delta<0$

▶ 函数图像与几何图形②

求二次函数图像的顶点和它与一次函数的交点围成的三角形的面积。

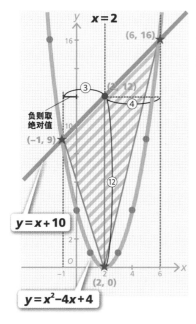

设底边为 12，分别求直线 $x=2$ 左边和右边的三角形的面积。

$$12 \times 3 \times \frac{1}{2} = 18$$

$$12 \times 4 \times \frac{1}{2} = 24$$

$$18 + 24 = 42$$

面积为42

求二次函数图像上的任一点和它与一次函数的交点围成的三角形的面积。

如下图，连接两个交点★和二次函数上的点☆，围成三角形。作一条通过点☆且与 y 轴平行的直线，把这个三角形分成两部分。设这条直线上的边为底边。

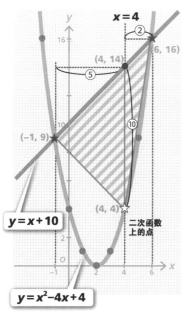

由图可知，底边为 10，分别求直线 $x=4$ 左边和右边的三角形的面积。

$$10 \times 5 \times \frac{1}{2} = 25$$

$$10 \times 2 \times \frac{1}{2} = 10$$

$$25 + 10 = 35$$

面积为35

把三角形分成两部分的思路

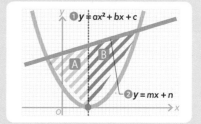

分成 A 和 B 两个三角形

⬇

求面积所需的坐标

1 二次函数 ❶ $y = ax^2 + bx + c$ 的顶点

2 $\begin{cases} ❶\ y = ax^2 + bx + c \\ ❷\ y = mx + n \end{cases}$ 的两个交点

3 通过 1 且与 y 轴平行的直线与 ❷ $y = mx + n$ 的交点

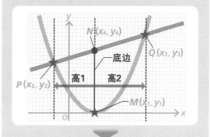

⬇

求 A 的面积

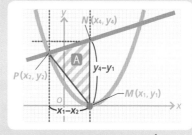

A $(y_4 - y_1) \times (x_1 - x_2) \times \frac{1}{2}$

求 B 的面积

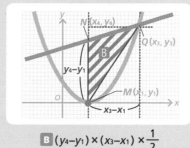

B $(y_4 - y_1) \times (x_3 - x_1) \times \frac{1}{2}$

▶ 二次函数与二次函数的交点

求函数 $y=x^2-2x-3$ 与 $y=-x^2+4x+5$ 的交点。

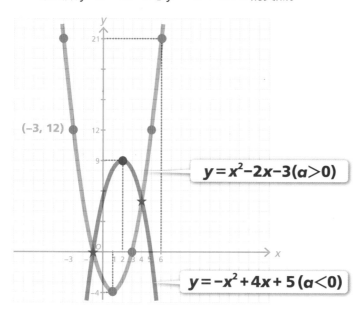

(–3, 12)

$y=x^2-2x-3(a>0)$

$y=-x^2+4x+5(a<0)$

---

1 基本形式 $y=ax^2+bx+c$
2 找出与 x 轴的交点。
　　$y=a(x-p)(x-q)$
3 找出顶点。
　　$y=a(x-s)^2+t$

---

1 $y=x^2-2x-3$
2 $y=(x-3)(x+1)$
　　与 x 轴交于 3 和 –1。
3 $y=(x-1)^2-4$
　　顶点为 (1，–4)。

---

1 $y=-x^2+4x+5$
2 $y=-(x+1)(x-5)$
　　与 x 轴交于 –1 和 5。
3 $y=-(x-2)^2+9$
　　顶点为 (2，9)。

若求交点，可以把两个函数列成方程组以求解。

$$\begin{cases} y=x^2-2x-3 & \cdots ① \\ y=-x^2+4x+5 & \cdots ② \end{cases}$$

把①代入②

$$x^2-2x-3=-x^2+4x+5$$

全部移项到左边

$$2x^2-6x-8=0$$　两边÷2
$$x^2-3x-4=0$$
$$(x+1)(x-4)=0$$

由此可知，$x=-1$ 或 4 时，两个函数相交。

把 x 值代入函数式①：
$x=-1$ 时，
$$y=1+2-3=0$$
$x=4$ 时，
$$y=16-8-3=5$$
由此可知，交点为
$$(-1，0)，(4，5)$$

·一次函数和一次函数
·一次函数和二次函数
·二次函数和二次函数
它们的交点都可以通过
方程组来求得。

二次函数与二次函数的交点个数

设 $y=ax^2+bx+c$ 为 $ax^2+bx+c=0$，判别式 $\Delta=b^2-4ac$。把两个二次方程式 A－B 或 A－C 所得的二次方程式代入判别式。（设 A $a\neq$ B a）

判别式△	△ > 0	△ = 0	△ < 0
两个图像的位置关系 A 为谷形的情况下			
交点的个数	2个	1个	0

▶ 二次函数的移动与图像判别式的关系

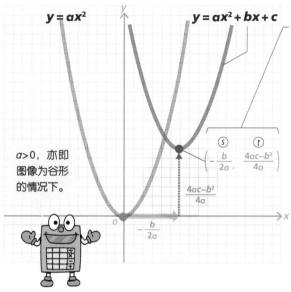

$a>0$，亦即图像为谷形的情况下。

把 $y=ax^2+bx+c$ 变形为

❸ $y=a(x-s)^2+t$ 的形式

➡ 顶点为 $(s,\ t)$

$$y=a\left(x^2+\frac{b}{a}x+\frac{c}{a}\right)$$
$$=a\left(x+\frac{b}{2a}\right)^2-\frac{b^2}{4a}+c$$
$$=a\left(x+\frac{b}{2a}\right)^2+\frac{4ac-b^2}{4a}$$

由此可知，$x=-\dfrac{b}{2a}$ 时，$y=\dfrac{4ac-b^2}{4a}$

$y=ax^2+bx+c$ 的顶点为 $\left(-\dfrac{b}{2a},\ \dfrac{4ac-b^2}{4a}\right)$

$y=ax^2+bx+c$ 的图像是将 $y=ax^2$ 的图像

往 x 轴方向前进 $-\dfrac{b}{2a}$，

往 y 轴方向前进 $\dfrac{4ac-b^2}{4a}$

在 $y=a(x-s)^2+t$ 中，$t=\dfrac{4ac-b^2}{4a}$

$t<0$ 的情况

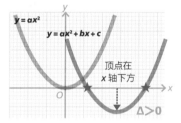

$$t=\frac{4ac-b^2}{4a}<0$$

$$\frac{4ac-b^2}{4a}<0$$
因为 $a>0$，所以两边同时乘 $4a$，不等号方向不变

$$4ac-b^2<0$$
两边同时乘 -1，不等号反向

$$\underset{\Delta}{\underline{b^2-4ac>0}}$$

$b^2-4ac>0$ 时，顶点在 x 轴下方，所以与 x 轴的**交点有两个**。此时 $\Delta=b^2-4ac>0$。

$t=0$ 的情况

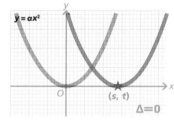

$$t=\frac{4ac-b^2}{4a}=0$$

$$\frac{4ac-b^2}{4a}=0$$
因为 $a\ne0$

$$4ac-b^2=0$$

$$\underset{\Delta}{\underline{b^2-4ac=0}}$$

$b^2-4ac=0$ 时，顶点在 x 轴上，所以与 x 轴的**交点有1个**。此时 $\Delta=b^2-4ac=0$。

$t>0$ 的情况

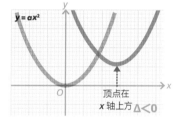

$$t=\frac{4ac-b^2}{4a}>0$$

$$\frac{4ac-b^2}{4a}>0$$
因为 $4a>0$

$$4ac-b^2>0$$
两边同时乘 -1

$$\underset{\Delta}{\underline{b^2-4ac<0}}$$

$b^2-4ac<0$ 时，顶点在 x 轴上方，所以与 x 轴的**交点有 0 个**。此时 $\Delta=b^2-4ac<0$。

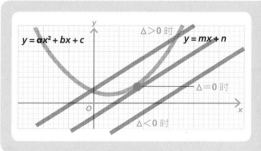

二次函数与一次函数的交点

❶ $y=ax^2+bx+c$　　❷ $y=mx+n$

把❶和❷相减，可得 $ax^2+(b-m)x+(c-n)=0$

$\Delta=(b-m)^2-4a(c-n)$

当 $\Delta>0$ 时，二次函数与一次函数有两个交点；

当 $\Delta=0$ 时，二次函数与一次函数有一个交点；

当 $\Delta<0$ 时，二次函数与一次函数没有交点。

不等式

以不等号连接的式子，表示右边和左边的大小关系。

▶ 什么是不等式?

不等式是以不等号连接，表示不等关系的式子。相反，**等式**则是以等号（＝）连接，表示相等关系的式子。

等式: $x=0$

不等式: $x<0$, $x>0$, $x\leq 0$, $x\geq 0$, $x\neq 0$

利用数轴表示 x 的范围

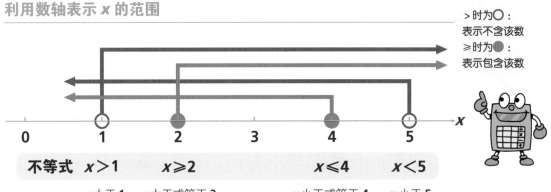

>时为○：
表示不含该数
≥时为●：
表示包含该数

不等式	$x>1$	$x\geq 2$	$x\leq 4$	$x<5$
	x 大于 1	x 大于或等于 2	x 小于或等于 4	x 小于 5

求下列情况中 x 的范围。

① x 大于 1，小于或等于 4

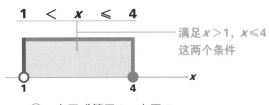

满足 $x>1$，$x\leq 4$ 这两个条件

② x 大于或等于 2，小于 5

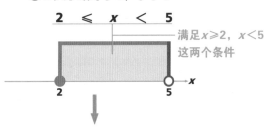

满足 $x\geq 2$，$x<5$ 这两个条件

若加上"x 为整数"的条件

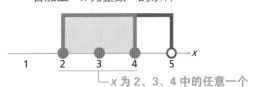

└ x 为 2、3、4 中的任意一个

不等式的读法

记法	读法	与数字的关系
$x>0$	x 大于 0	不包含 $x=0$
$x\geq 0$	x 大于或等于 0	包含 $x=0$
$x<0$	x 小于 0	不包含 $x=0$
$x\leq 0$	x 小于或等于 0	包含 $x=0$

▶ 不等式的运算方法

基本的运算方法和方程式相同。如果忘记了，请温习一下前面的相关内容。

x 的系数为正数时

$$\star\ 5x-8>2$$

↓ 把 −8 移项到右边

$$5x>2+8$$
$$5x>10$$

↓ 两边除以 5

$$x>2$$

x 的系数为负数时

$$\star\ -3x+4<7$$

↓ 把 +4 移项到右边

$$-3x<7-4$$
$$-3x<3$$

↓ 两边除以 −3
除以**负数**，所以**不等号的方向要改变**

$$x>-1$$

解不等式组

$$\star\ -4<2x+6\leqslant20$$

↓ 转化成两个不等式来思考

$$\begin{cases} ① & -4<2x+6 \\ ② & 2x+6\leqslant20 \end{cases}$$

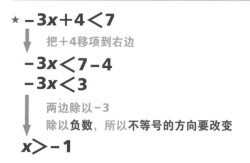

① $-4<2x+6$

↓ 把 *x* 项移项到左边，常数项移项到右边

$$-2x<6+4$$
$$-2x<10$$

↓ 两边除以 −2
除以**负数**，不等号的方向要改变

$$x>-5$$

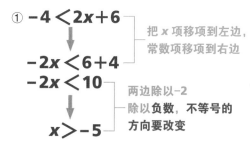

② $2x+6\leqslant20$

$$2x\leqslant20-6$$
$$x\leqslant7$$

合并 ① 和 ②，$-5<x\leqslant7$

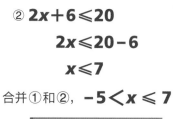

注意，乘或除以负数时，要改变不等号方向。

绝对值

绝对值是指一个数在数轴上所对应的点与原点的距离。实数 *a* 的绝对值记成 $|a|$。

a 为正数时：

$a>0$，则 $|a|=a$

越往右边，绝对值越大。

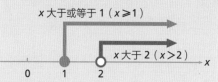

x 大于或等于 1（$x\geqslant1$）
x 大于 2（$x>2$）

a 为负数时：

$a<0$，则 $|a|=-a$

越往左边，绝对值越大。

绝对值大于 2

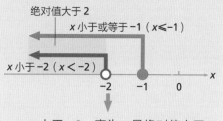

x 小于或等于 −1（$x\leqslant-1$）
x 小于 −2（$x<-2$）

x 小于 −2，意为 *x* 是绝对值大于 2 的负数。

不等号的方向

当不等式的两边同时乘或同时除以一个负数时，不等号的方向要改变。

以数轴表示"−5 比 −3 小"

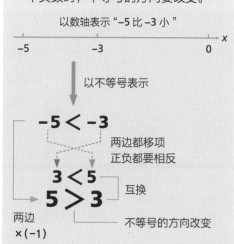

以不等号表示

$$-5<-3$$

两边都移项
正负都要相反

$$3<5$$ 互换

$$5>3$$

两边 ×(−1)　不等号的方向改变

▶ 不等式与图像①

当二次函数的 x 的范围确定时，求 y 的最大值和最小值。

对于二次函数 $y=x^2-8x+7$，当 $2 \leqslant x \leqslant 8$ 时，求 y 的最大值和最小值。

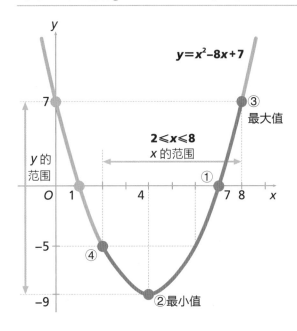

$$y = x^2 - 8x + 7$$
$$= (x-1)(x-7)$$

$x=1$ 或 7 时和 x 轴相交。

因为 $2 \leqslant x \leqslant 8$，$x=7$ 时   ① $(7, 0)$

$$= (x-4)^2 - 9$$

$x=4$ 时，$y=-9$，即顶点   ② $(4, -9)$

因为 $2 \leqslant x \leqslant 8$，

└── $x=8$ 时

$$y = 64 - 64 + 7 = 7$$

③ $(8, 7)$

└── $x=2$ 时

$$y = 4 - 16 + 7 = -5$$

④ $(2, -5)$

比较①②③④四点的 y 值：

y 的范围

②$\leqslant y \leqslant$③

── **最小值**：$y=-9$

── **最大值**：$y=7$

二次函数 $y=x^2-8x+7$

当 x 为 $\underline{2 \leqslant x \leqslant 8}$ 时，

y 的范围为 $-9 \leqslant y \leqslant 7$

不等号为"$>$"时，y 的范围也要改成相同的不等号

① $(7, \boxed{0})$
② $(4, \boxed{-9})$
③ $(8, \boxed{7})$
④ $(2, \boxed{-5})$

经过比较，最大值为 7，最小值为 -9

对于 $y=-x^2+8x-7$，当 $2 < x \leqslant 8$ 时，求 y 的最大值和最小值。

解题时，要注意是否包含等号。

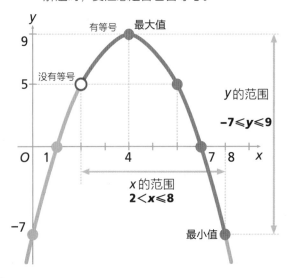

有等号   最大值

没有等号

y的范围   **$-7 \leqslant y \leqslant 9$**

x的范围   **$2 < x \leqslant 8$**

最小值

图像的读法

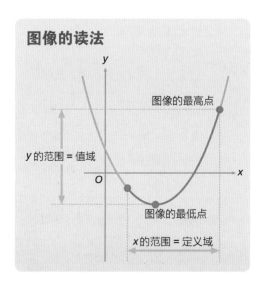

图像的最高点

y 的范围 = 值域

图像的最低点

x的范围 = 定义域

148

▶ 不等式与图像②

利用函数图像来解不等式。

解 $x^2-6x+5>0$

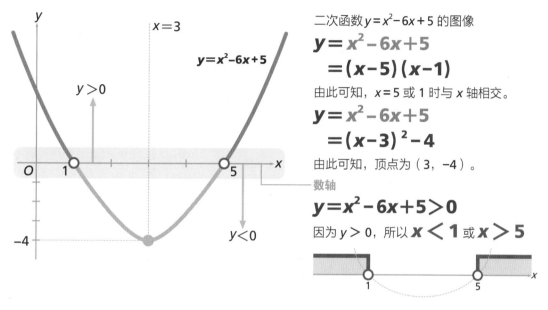

二次函数 $y=x^2-6x+5$ 的图像

$$y=x^2-6x+5$$
$$=(x-5)(x-1)$$

由此可知，$x=5$ 或 1 时与 x 轴相交。

$$y=x^2-6x+5$$
$$=(x-3)^2-4$$

由此可知，顶点为（3，−4）。

$$y=x^2-6x+5>0$$

因为 $y>0$，所以 $x<1$ 或 $x>5$

二次函数 $y=ax^2+bx+c\,(a>0)$ 的图像和不等式的解的关系

$$y=ax^2+bx+c$$
$$=a(x-p)(x-q)$$

·判别式 $\Delta=b^2-4ac$

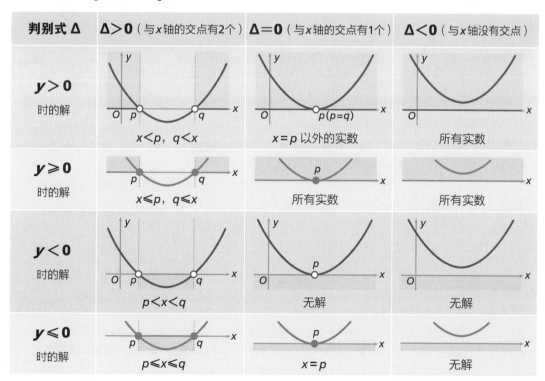

判别式 Δ	$\Delta>0$（与x轴的交点有2个）	$\Delta=0$（与x轴的交点有1个）	$\Delta<0$（与x轴没有交点）
$y>0$ 时的解	$x<p,\ q<x$	$x=p$ 以外的实数	所有实数
$y\geqslant0$ 时的解	$x\leqslant p,\ q\leqslant x$	所有实数	所有实数
$y<0$ 时的解	$p<x<q$	无解	无解
$y\leqslant0$ 时的解	$p\leqslant x\leqslant q$	$x=p$	无解

复数与复数平面

如果把平方后等于 −1 的数记成 i，那么以 $a+bi$（a、b 为实数）的形式来表示的数就称为复数。当以平面坐标上的点来表示复数时，这个平面就称为复数平面（或称高斯平面）。

▶ 复数是什么？

$$i^2 = -1$$

平方之后等于 −1 的数，和前面介绍的数（有理数和无理数）完全不同，所以使用特别的符号 i 来表示。这个 i 称为虚数单位。

像 2i，4+3i，$3-\sqrt{2}i$ 这样，使用实数 a、b 和虚数单位 i 记成下列形式的数称为**复数**。

复数

实数 a ($b=0$)	虚数 $a+bi$ ($b \neq 0$)

$$\alpha = a + bi$$

a 称为复数 α 的实部，
b 称为复数 α 的虚部。

复数 $\alpha = a+bi$，当 $b=0$ 时会成为 $\alpha = a$ 的实数；在 $b \neq 0$ 时，亦即 α 不是实数时，α 称为虚数；另外，在 $b \neq 0$ 且 $a=0$ 时，α 称为纯虚数（$\alpha = bi$）。

化简含有 i 的数

在进行含有 i 的数的计算时，把 i 当成字母，按照一般的式子来处理，并利用 $i^2 = -1$ 的关系加以化简。

- $3i \times (-2i) = -6i^2 = -6 \times (-1) = 6$
- $\dfrac{1}{i} = \dfrac{i}{i^2} = \dfrac{i}{-1} = -i$ $\qquad$ • $i^4 = (i^2)^2 = (-1)^2 = 1$
  - └ 分母和分子都乘 i

利用 $i^2 = -1$ 进行化简。

复数的相等

求使 $(5x-y)+(3x+1)i = 3+4i$ 成立的实数 x、y。

左边的实部和右边的实部相等，所以

$$5x - y = 3 \quad \cdots ①$$

左边的虚部和右边的虚部相等，所以

$$3x + 1 = 4 \quad \cdots ②$$

把①②列成方程组，解得 $x=1$，$y=2$。

当 a、b、c、d 为实数时，
$$a+bi = c+di$$
$$\updownarrow$$
$$a=c \text{ 且 } b=d$$
若 $a+bi = 0$
$$\updownarrow$$
$$a=0 \text{ 且 } b=0$$

▶ 复数的运算

复数 $a+bi$ 的加减乘除运算和 $a+bx$ 的运算方法相同。唯一的区别在于，当出现 i^2 时，把 i^2 替换成 −1 即可。

加法和减法

- $(2+3i) + (-5+i) = (2-5) + (3+1)i = -3+4i$ ◀── **实部与实部相加，虚部与虚部相加**
  - └ 2+(−5)实部的和 ┘ └ 虚部的和 ┘
- $(3+2i) - (1-5i) = (3-1) + (2+5)i = 2+7i$ ◀── **实部与实部相减，虚部与虚部相减**
  - └ 实部的差 ┘ └ 虚部的差 2−(−5) ┘

乘法

- $(3+2i)(2-5i) = 6+(-15+4)i-10i^2 = 6-11i-10\times(-1)$
  $= 16-11i$

- $(3+2i)(3-2i) = 9-4i^2 = 9-4\times(-1) = 13$

  两个复数 $a+bi$、$a-bi$ 互相称为对方的共轭复数。
  共轭复数的和与积是实数。

复数的加法和乘法中，交换律、结合律、分配律都成立。

$$(a+bi)+(a-bi) = 2a$$
$$(a+bi)(a-bi) = a^2+b^2$$

除法

- $\dfrac{4-3i}{1+3i} = \dfrac{(4-3i)(1-3i)}{(1+3i)(1-3i)} = \dfrac{-5-15i}{10} = -\dfrac{1}{2}-\dfrac{3}{2}i$

  分子和分母都乘分母的
  共轭复数 $1-3i$

- $\dfrac{2+i}{2-i} = \dfrac{(2+i)(2+i)}{(2-i)(2+i)} = \dfrac{3+4i}{5} = \dfrac{3}{5}+\dfrac{4}{5}i$

对于除法，先使用共轭复数把分母化为实数，再进行计算。

复数的四则运算

$$(a+bi)+(c+di) = (a+c)+(b+d)i$$
$$(a+bi)-(c+di) = (a-c)+(b-d)i$$
$$(a+bi)(c+di) = (ac-bd)+(ad+bc)i$$
$$\dfrac{a+bi}{c+di} = \dfrac{ac+bd}{c^2+d^2}+\dfrac{bc-ad}{c^2+d^2}i \quad (c+di \neq 0)$$

复数
$\alpha = a+bi$ 的共轭复数 $a-bi$
记成 $\overline{\alpha}$。（$\overline{\alpha} = a-bi$）

▶ $x^2 = -3$ 的解

把数的范围扩大到复数，则方程式 $x^2 = a$ 在 $a < 0$ 的情况下也有解。

$$x^2 = -3 \Rightarrow x = \pm\sqrt{-3} = \pm\sqrt{3}i \Rightarrow \begin{array}{l} x^2 = (\pm\sqrt{3}i)^2 \\ = (\pm\sqrt{3})^2 i^2 = -3 \end{array}$$

由此可知，$x^2 = -3$ 的解是 $x = \sqrt{3}\,i$ 和 $x = -\sqrt{3}\,i$。

当 $k > 0$ 时
$x^2 = -k$ 的解是
$x = \pm\sqrt{k}i$

▶ 负实数的平方根及其计算

设 $k > 0$，则 $\pm\sqrt{k}i$ 为 $-k$ 的平方根。在进行含有负实数 $-k$ 的平方根 $\sqrt{-k}$ 的计算时，先将其替换成 $\sqrt{k}i$，再进行计算。

- $\sqrt{-2}+\sqrt{-5} = \sqrt{2}i+\sqrt{5}i = (\sqrt{2}+\sqrt{5})i$
- $\sqrt{-2}\cdot\sqrt{-3} = \sqrt{2}i\cdot\sqrt{3}i = \sqrt{2}\cdot\sqrt{3}\cdot i^2 = -\sqrt{6}$
- $\sqrt{-3}\cdot\sqrt{-12} = \sqrt{3}i\cdot\sqrt{12}i = \sqrt{3}\cdot\sqrt{12}\cdot i^2 = -6$
- $\dfrac{\sqrt{18}}{\sqrt{-2}} = \dfrac{3\sqrt{2}}{\sqrt{2}i} = \dfrac{3}{i} = \dfrac{3i}{i^2} = -3i$

负实数的平方根
当 $k > 0$ 时
$\sqrt{-k} = \sqrt{k}i$
$\sqrt{-1} = i$

* $\sqrt{(-3)\cdot(-12)} = \sqrt{36} = 6$，所以，$\sqrt{-3}\cdot\sqrt{-12} \neq \sqrt{(-3)\cdot(-12)}$。
  $\sqrt{\dfrac{18}{-2}} = \sqrt{-9} = \sqrt{9}\,i = 3i$，所以，$\dfrac{\sqrt{18}}{\sqrt{-2}} \neq \sqrt{\dfrac{18}{-2}}$。

根号内为负数时，先把它转换成 i 的形式，再进行计算。

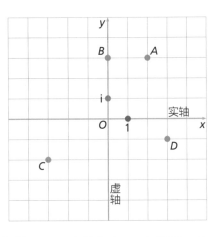

▶ 复数平面

在平面上设定一个坐标轴，使点（x，y）对应于复数 $z=x+y$i，则每一个复数都可以用平面上的一个点来表示，同样，平面上的每一个点都可以表示一个复数。

在右图中，点 A（2，3）、B（0，3）、C（−3，−2）、D（3，−1）分别表示 $2+3$i、3i、$-3-2$i、$3-$i。这种用点（x，y）来表示的复数 $z=x+y$i 的平面，称为**复数平面**。在复数平面中，x 轴称为**实轴**，y 轴称为**虚轴**。

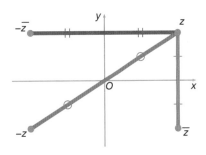

在复数平面上，复数 $z=x+y$i 以点（x，y）表示，共轭复数 $\overline{z}=x-y$i 以点（x，$-y$）表示，因此，点 z 和点 $\overline{z}$ 关于实轴对称。同样地，点 z 和点 $-z$ 关于原点 O 对称，点 z 和点 $-\overline{z}$ 关于虚轴对称。

复数的绝对值

点 z 和原点 O 的距离称为复数 z 的绝对值，记成 $|z|$。$z=x+y$i 的绝对值如下所示：

$$|z|=|x+y\text{i}|=\sqrt{x^2+y^2}$$

$$|z|\geqslant 0$$

当 $|z|=0$ ⟷ $z=0$

$$|z|=|\overline{z}| \quad |z|^2=z\overline{z}$$

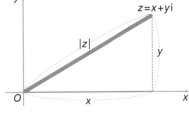

对应于复数 z 的点 P 记作 P（z）。也可单纯地称为点 z。

▶ 复数的和与差

设两个复数 $z_1=a+b$i、$z_2=c+d$i 的和为 z_3，则如下所示：

$$z_3=z_1+z_2=(a+c)+(b+d)\text{i}$$

设表示复数 z_1、z_2、z_3 的点分别为 P_1、P_2、P_3，则 $\overrightarrow{OP_3}=\overrightarrow{OP_1}+\overrightarrow{OP_2}$。若 O、P_1、P_2 三点不在同一条直线上，则 P_3 是以 OP_1、OP_2 为两边的平行四边形的第四个顶点。

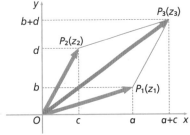

设两个复数 $z_1=a+b$i、$z_2=c+d$i 的差为 z_4，则如下所示：

$$z_4=z_1-z_2=(a-c)+(b-d)\text{i}$$

设表示复数 z_1、z_2、z_4 的点分别为 P_1、P_2、P_4，则

$$\overrightarrow{OP_4}=\overrightarrow{OP_1}-\overrightarrow{OP_2}=\overrightarrow{P_2P_1}。$$

因此，复数的差 z_1-z_2 与向量 $\overrightarrow{P_2P_1}$ 对应。

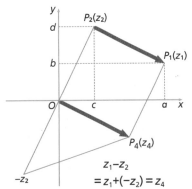

z_1-z_2
$=z_1+(-z_2)=z_4$

*复数平面上的两点 P_1（z_1）、P_2（z_2）之间的距离：
$$P_1P_2=\sqrt{(c-a)^2+(d-b)^2}=|z_2-z_1|$$

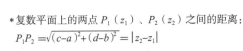

▶ 三角表示式

在复数平面上，设非 0 复数 $z = a + bi$ 所表示的点为 P，且 P 与原点 O 的距离为 r、向量 OP 与 x 轴正半轴的夹角为 θ，则 $a = r\cos\theta$，$b = r\sin\theta$。

因此，可推导出 $z = r(\cos\theta + i\sin\theta)$。

这种表示方式称为复数 z 的三角表示式。

在此，$r = |z| = \sqrt{a^2 + b^2}$ （$r > 0$）。

而且，θ 称为复数 z 的辐角，记为 $\theta = \arg z$。

通常，θ 的范围是 $0° \leqslant \theta \leqslant 360°$，但要以一般角来表示时，可用整数 n 记为

$$\arg z = \theta + 360° \times n \ (n = 0, \pm1, \pm2, \cdots)$$

下面我们求一下复数 $z = 1 + \sqrt{3}i$ 的三角表示式。

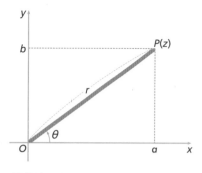

z 的辐角 $\theta = \arg z$，
arg 是 argument（辐角）的缩写。

$$r = \sqrt{1^2 + (\sqrt{3})^2} = 2$$

在 $z = a + bi$ 中，
$a = 1$，$b = \sqrt{3}$，所以
$r = \sqrt{a^2 + b^2} = \sqrt{1^2 + (\sqrt{3})^2}$

$$\cos\theta = \frac{1}{2}, \ \sin\theta = \frac{\sqrt{3}}{2}$$

$\cos\theta = \frac{a}{r} = \frac{1}{2}$,
$\sin\theta = \frac{b}{r} = \frac{\sqrt{3}}{2}$

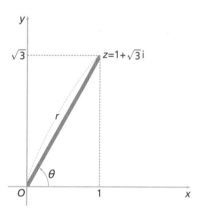

因此，$\theta = 60°$。

由此可得，$z = 2(\cos 60° + i\sin 60°)$。

▶ 复数的积与商

把两个非 0 复数 z_1、z_2 转化成三角表示式时，对于 z_1、z_2 的积与商，下列各式成立。

设 $z_1 = r_1(\cos\theta_1 + i\sin\theta_1)$，$z_2 = r_2(\cos\theta_2 + i\sin\theta_2)$，则

积 $z_1 z_2 = r_1 r_2 [\cos(\theta_1 + \theta_2) + i\sin(\theta_1 + \theta_2)]$

$|z_1 z_2| = |z_1| \cdot |z_2|$，$\arg(z_1 z_2) = \arg z_1 + \arg z_2$

商 $\dfrac{z_1}{z_2} = \dfrac{r_1}{r_2}[\cos(\theta_1 - \theta_2) + i\sin(\theta_1 - \theta_2)]$

$\left|\dfrac{z_1}{z_2}\right| = \dfrac{|z_1|}{|z_2|}$，$\arg\left(\dfrac{z_1}{z_2}\right) = \arg z_1 - \arg z_2$

对于两个非 0 复数：$z = r(\cos\theta + i\sin\theta)$，$\alpha = \sqrt{3} + i = 2(\cos 30° + i\sin 30°)$，点 αz 可表示成右图所示。

$$\alpha z = 2r[\cos(\theta + 30°) + i\sin(\theta + 30°)]$$

从上面积的三角表示式可以看出，点 αz 是把点 z 绕原点 O 向逆时针方向旋转 $30°$，且与原点 O 的距离为原来 2 倍的点。

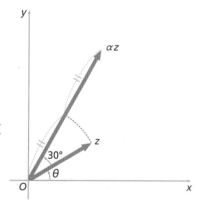

微分

微分可以用来求瞬间的速率或曲线上某点的切线的斜率。

▶ 什么是微分？

汽车的速率

　　一辆汽车在高速公路上行驶，假设它两小时行驶了 140km，则平均速率为 70km/h。这时，计算平均速率的公式为

$$平均速率 = \frac{路程}{时间}$$

汽车的瞬时速率

　　实际上，汽车在行驶当中会不断地变换速率，经过收费站、上下坡道、转弯、超车、进入服务区休息时，速率经常在改变。不过，这些时候我们可以通过汽车仪表盘来确认瞬时速率。

　　利用"$平均速率 = \frac{路程}{时间}$"所求得的平均速率，当时间从 10 秒到 1 秒，从 1 秒到 0.1 秒，从 0.1 秒到 0.01 秒，无限地趋近于 0 时，它的值会越来越接近于瞬时速率。所谓微分，就是用来求这个瞬时速率的方法。

▶ 平均变化率

　　一颗球在斜面上滚动时，它的速率会随着时间而改变。球开始在一个斜面上滚动之后，假设滚动的时间 x（秒）和滚动的距离 y（米）之间满足 $y = x^2$ 的关系，则球开始滚动之后的平均速率如下：

1 秒至 2 秒的平均速率为 $\dfrac{2^2 - 1^2}{2 - 1} = 3$（m/s）

2 秒至 3 秒的平均速率为 $\dfrac{3^2 - 2^2}{3 - 2} = 5$（m/s）

3 秒至 4 秒的平均速率为 $\dfrac{4^2 - 3^2}{4 - 3} = 7$（m/s）

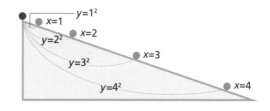

函数的表示方式

　　像 $y = x^2$ 这样，y 为 x 的函数时，记作 $y = f(x)$。
把 $x = a$ 代入 $f(x)$ 的式子所得到的值，记成 $f(a)$。

　　通常，在函数 $y = f(x)$ 中，若 x 的值由 a 变化至 b，则 $\dfrac{y 的变化量}{x 的变化量} = \dfrac{f(b) - f(a)}{b - a}$ 称为 x 的值由 a 变化至 b 时函数 $f(x)$ 的平均变化率。

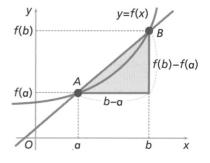

$$平均变化率 = \frac{y 的变化量}{x 的变化量} = \frac{f(b) - f(a)}{b - a}$$

这个值与通过曲线 $y = f(x)$ 上的两点 $A(a, f(a))$、$B(b, f(b))$ 的直线的斜率相等。

▶ 微分系数

在函数 $y = f(x)$ 中，当 x 的值从 a 变化到 $a+h$ 时的平均变化率如下所示：

$$平均变化率 = \frac{f(a+h) - f(a)}{h} \quad \begin{array}{l} \text{——} y\text{的变化量} f(a+h) - f(a) \\ \text{——} x\text{的变化量} (a+h) - a = h \end{array}$$

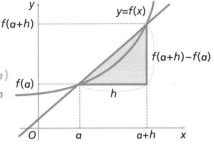

当 h 无限趋近于 0 时，这个式子会无限趋近于某个值。这个值称为**极限值**。

以上文中球在斜面滚动为例，球滚动的时间 x 和滚动的距离 y 之间成立 $y = x^2$ 的关系，求当 x 的值从 1 变化到 $1+h$ 时的平均变化率和极限值。

$$平均变化率 = \frac{f(1+h) - f(1)}{h} = \frac{(1+h)^2 - 1^2}{h} = \frac{1 + 2h + h^2 - 1}{h} = \frac{2h + h^2}{h}$$
$$= \frac{h(2+h)}{h} = 2 + h$$

若 h 无限趋近于 0，则 $2+h$ 无限趋近于 2，因此 $2+h$ 的极限值为 2。

这个关系以下列形式来表示，其中符号 lim 是 limit（极限）的缩写。

$$\lim_{h \to 0}(2+h) = 2$$

> 当$h = 0.1$时 $\quad 2+h = 2.1$
> 当$h = 0.01$时 $\quad 2+h = 2.01$
> 当$h = 0.001$时 $\quad 2+h = 2.001$
> 当$h = 0.0001$时 $\quad 2+h = 2.0001$
>
> 像这样，当 h 的值无限趋近于 0 时，$2+h$ 的值无限趋近于 2。
> 由此可证，$\lim_{h \to 0}(2+h) = 2$。

在函数 $y = f(x)$ 中，当 x 的值从 a 变化到 $a+h$ 时，平均变化率的式子为 $\dfrac{f(a+h) - f(a)}{h}$，这时把 h 无限趋近于 0 时的极限值 $\lim\limits_{h \to 0} \dfrac{f(a+h) - f(a)}{h}$，称为函数 $y = f(x)$ 在 $x = a$ 时的**微分系数**，记成 $f'(a)$。

这个例子的极限值为 2，表示球开始滚动 1 秒后，球的速率为 2m/s。

> **微分系数**
> $$f'(a) = \lim_{h \to 0} \frac{f(a+h) - f(a)}{h}$$

微分系数与切线的斜率

设函数 $y = f(x)$ 的图像上的点 A、B 的 x 坐标分别为 a、$a+h$，则函数 $f(x)$ 从 a 到 $a+h$ 的平均变化率 $\dfrac{f(a+h) - f(a)}{h}$ 表示直线 AB 的斜率。

如果这个 h 无限趋近于 0，则点 B 会无限接近于点 A，使得直线 AB 逐渐趋近于曲线 $y = f(x)$ 上的点 A 的切线。这个时候，微分系数 $f'(a) = \lim\limits_{h \to 0} \dfrac{f(a+h) - f(a)}{h}$ 会和切线的斜率相等。

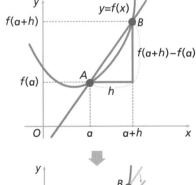

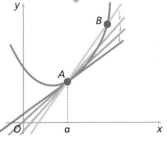

> **微分系数与切线的斜率**
> 曲线 $y = f(x)$ 上的点 $(a, f(a))$ 的切线，其斜率等于微分系数 $f'(a)$。

▶ 导函数

当 $x=a$ 时，函数 $y=f(x)$ 的微分系数 $f'(a)$ 记成如下的式子，且 $f'(a)$ 的值由 a 的值决定，因此可以说 $f'(a)$ 是 a 的函数。

$$\text{微分系数}\quad f'(a)=\lim_{h\to 0}\frac{f(a+h)-f(a)}{h}$$

这个时候，把字母 a 以未知数 x 代入后所得的函数 $f'(x)$，称为函数 $f(x)$ 的**导函数**。从函数 $f(x)$ 求其导函数 $f'(x)$，称为把 $f(x)$ 做**微分**。

$$\text{导函数}\quad f'(x)=\lim_{h\to 0}\frac{f(x+h)-f(x)}{h}$$

对函数 $f(x)=x^3$ 进行微分。

$$f(x+h)-f(x)=h(3x^2+3xh+h^2) \longleftarrow$$

$$(x+h)^3-x^3$$
$$=(x^3+3x^2h+3xh^2+h^3)-x^3$$
$$=3x^2h+3xh^2+h^3$$
$$=h(3x^2+3xh+h^2)$$

由此可知，
$$\begin{aligned}f'(x)&=\lim_{h\to 0}\frac{f(x+h)-f(x)}{h}\\&=\lim_{h\to 0}\frac{h(3x^2+3xh+h^2)}{h}\\&=\lim_{h\to 0}(3x^2+3xh+h^2)=3x^2\end{aligned}$$

用来表示函数 $y=f(x)$ 的导函数的符号，除了 $f'(x)$ 之外，还有 y'、$[f(x)]'$ 等。

导函数的公式 (1)

若求 $f(x)=x$、$f(x)=x^2$、$f(x)=x^3$ 的导函数，可得 $(x)'=1$、$(x^2)'=2x$、$(x^3)'=3x^2$，因此，右边的导函数公式①成立。

另外，常数的导函数是 0。（公式②）

① x^n 的导函数

设 n 为正整数，则 $(x^n)'=nx^{n-1}$

② 函数 $f(x)=c$ 的导函数

设 c 为常数，则 $f'(x)=(c)'=0$

导函数的公式 (2)

对于函数 $kf(x)$（k 为常数）、$f(x)+g(x)$、$f(x)-g(x)$ 的导函数，右边的公式③④⑤成立。

③ $[kf(x)]'=kf'(x)$（k 为常数）

④ $[f(x)+g(x)]'=f'(x)+g'(x)$

⑤ $[f(x)-g(x)]'=f'(x)-g'(x)$

把函数 $f(x)$ 微分，求 $x=a$ 时的微分系数 $f'(a)$。

把函数 $f(x)=2x^3+4x^2-6x+5$ 微分，求 $x=-1$、$x=3$ 时的微分系数 $f'(-1)$、$f'(3)$。

$$\begin{aligned}f'(x)&=(2x^3+4x^2-6x+5)'\\&=(2x^3)'+(4x^2)'-(6x)'+(5)'\quad\text{——公式④·⑤}\\&=2(x^3)'+4(x^2)'-6(x)'+(5)'\quad\text{——公式③}\\&=2\times 3x^2+4\times 2x-6\times 1+0\quad\text{——公式①·②}\\&=6x^2+8x-6\end{aligned}$$

$$\begin{aligned}f'(-1)&=6\times(-1)^2+8\times(-1)-6\\&=6-8-6\\&=-8\end{aligned}$$

$$\begin{aligned}f'(3)&=6\times 3^2+8\times 3-6\\&=54+24-6\\&=72\end{aligned}$$

▶ 函数的增加或减少

函数的增加或减少的情形，可以利用导函数 $f'(x)$ 加以判断。

曲线 $y=f(x)$ 上的点 $(a，f(a))$ 的切线的斜率和微分系数 $f'(a)$ 相等。

若从函数 $f(x)=x^2+1$ 的图像来看，则如右图所示。

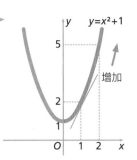

当 $x<0$ 时，$f'(x)<0$，切线的斜率为负，图像向右下方下降。这时，若 x 的值增加，则 $f(x)$ 的值会减少。

而当 $x>0$ 时，$f'(x)>0$，切线的斜率为正，图像向右上方上升。这时，若 x 的值增加，则 $f(x)$ 的值也会增加。

我们可以使用表格加以检验。因为 $f'(x)=2x$，所以可以得到右表。

x	-3	-2	-1	0	1	2	3
$f'(x)$	-6	-4	-2	0	2	4	6
$f(x)$	10	5	2	1	2	5	10

下面是表示函数增减的表，称为增减表。可以利用这个增减表来判断函数的增减。

函数 $f(x)$ 的增加或减少

通常，函数 $f(x)$ 的增减可由 $f'(x)$ 的符号加以判断。

在使 $f'(x)>0$ 的 x 的范围，$f(x)$ 会增加。
在使 $f'(x)<0$ 的 x 的范围，$f(x)$ 会减少。

函数 $f(x)$ 的增减表的制作方法　（例）函数 $f(x)=x^2+1$

① 求 $f'(x)$。　　　→　$f'(x)=2x$
② 解 $f'(x)=0$。　　→　以 $f'(x)=0$ 的解 $x=0$ 为界，制作增减表。
③ 在增减表中填入箭头（↘和↗）。
　　→ 在 $f'(x)>0$ 的范围填入↗（增加），在 $f'(x)<0$ 的范围填入↘（减少）。

x	$\cdots$	0	$\cdots$
$f'(x)$	$-$	0	$+$
$f(x)$	↘	1	↗

▶ 函数的极大值和极小值

函数 $y=f(x)$ 为二次函数或多次函数时，会出现函数的值从增加转为减少的点，或从减少转为增加的点。

下面以函数 $f(x)=x^3-6x^2+9x-1$ 为例：

$$f'(x)=3x^2-12x+9=3(x^2-4x+3)$$
$$=3(x-1)(x-3)$$

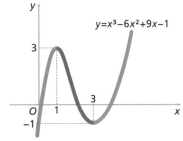

由此可知，$f'(x)=0$ 的解为 $x=1$ 和 $x=3$，所以 $f(x)$ 的增减表和图像如右所示。

x	$\cdots$	1	$\cdots$	3	$\cdots$
$f'(x)$	$+$	0	$-$	0	$+$
$f(x)$	↗	极大值 3	↘	极小值 -1	↗

函数 $f(x)$ 以 $x=1$ 为界，从增加转为减少；以 $x=3$ 为界，从减少转为增加。

这时，称 $f(x)$ 在 $x=1$ 时为**极大**，称 $f(1)=3$ 为**极大值**。

又，称 $f(x)$ 在 $x=3$ 时为**极小**，称 $f(3)=-1$ 为**极小值**。

函数 $f(x)$ 的极大值和极小值

以使 $f'(a)=0$ 的 $x=a$ 为界，
若 $f'(x)$ 由正转负，则 $f(a)$ 为极大值；
若 $f'(x)$ 由负转正，则 $f(a)$ 为极小值。
极大值和极小值合称为极值。

积分

积分可用来求某函数在特定区间内与 x 轴围成的图形的面积。

▶ 什么是积分？

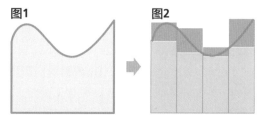

图1　图2

积分是为了求面积而构思出来的方法。例如右边图1中曲线和直线围成的图形面积无法以三角形、长方形或圆等面积公式来求算。那么，要怎么才能求得这个图形的面积呢？

把这个图形分割成 4 块，成为图 2 所示的样子，则可知图形的面积比**蓝色四方形（■）的总面积大，但比蓝色四方形（■）和粉色四方形（■）合起来的面积小**。把它继续平分，一直分割下去，使分割后的每个部分的面积越来越小，则粉色四方形（■）的总面积会逐渐缩小，而蓝色四方形（■）的总面积则越来越接近图形的面积。

分割求面积

积分可以说是为了求平面坐标上的曲线 $y=f(x)$ 和直线 $x=a$、直线 $x=b$、x 轴围成的图形的面积，而构思出来的方法。

先来看看简单的曲线。想想看，当曲线为右图所示的抛物线时，曲线 $y=f(x)$ 和直线 $x=a$、直线 $x=b$、x 轴围成的图形，要用什么方法求出它的面积呢？

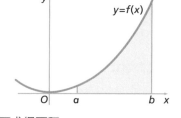

如果把曲线和直线围成的图形 2 等分、4 等分、8 等分，则分别会成为下列①②③的图形。由此可知，分割的份数越多，则粉色四方形（■）的总面积越小，蓝色四方形（■）的总面积越大，也越接近所求的图形面积。

若无限地分割下去，则会如④所示，粉色四方形（■）几乎消失，蓝色四方形（■）的总面积无限趋近所求的图形面积，如此即可求得面积。

这时所求得的面积记为 $\int_a^b f(x)dx$。$\int$ 是积分符号，积分的英文为 integral。

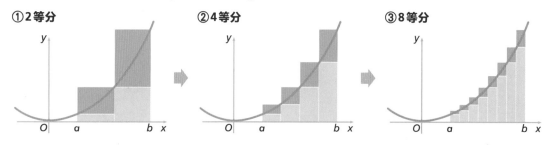

①2等分　②4等分　③8等分

分割成越多等份，粉色四方形（■）的总面积越小，蓝色四方形（■）的总面积越大。

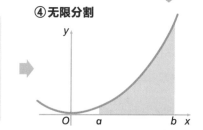

④无限分割

粉色四方形（■）几乎消失，蓝色四方形（■）的总面积无限趋近所求图形的面积。

曲线 $y=f(x)$ 和直线 $x=a$、直线 $x=b$、x 轴围成的图形的面积为 $\int_a^b f(x)\,dx$

▶ 不定积分

如下所示，把 x^3、x^3+5、x^3-3 做微分，结果都是 $3x^2$。

$$(x^3)'=3x^2$$
$$(x^3+5)'=(x^3)'+(5)'=3x^2$$
$$(x^3-3)'=(x^3)'-(3)'=3x^2$$

微分后等于 $3x^2$ 的函数有无数个，每个都是 x^3+C（C 为常数）的形式。

这个 x^3+C 称为 $3x^2$ 的**不定积分**，记成

$$\int 3x^2 \mathrm{d}x=x^3+C$$

通常，$F'(x)=f(x)$ 成立时，$f(x)$ 的不定积分如右所示。

求 $f(x)$ 的不定积分，称为把 $f(x)$ 做**积分**。积分是微分的逆运算。

$F'(x)=f(x)$ 成立时，$f(x)$ 的不定积分

$$\int f(x)\,\mathrm{d}x =F(x)+C$$

（C 为常数）

常数 C 称为**积分常数**。

x^n 的不定积分

右边①中 x^n 的不定积分公式是常用的基本公式。

把 x、$\frac{x^2}{2}$、$\frac{x^3}{3}$ 等 x^n 的函数微分的结果，以不定积分来表示，即可导出这个公式。

$(x)'=1$，因此 $\int 1\mathrm{d}x=x+C$

$(\frac{x^2}{2})'=x$，因此 $\int x\mathrm{d}x=\frac{x^2}{2}+C$

$(\frac{x^3}{3})'=x^2$，因此 $\int x^2\mathrm{d}x=\frac{x^3}{3}+C$

① x^n 的不定积分

当 n 为 0 或正整数时

$$\int x^n\mathrm{d}x=\frac{x^{n+1}}{n+1}+C$$

不定积分的公式

求不定积分的时候，可使用右边的不定积分公式进行计算。

k 为常数时，可使用公式②。函数的和与差的积分可使用公式③和④。

② $\int kf(x)\mathrm{d}x=k\int f(x)\mathrm{d}x$
（k 为常数）

③ $\int[f(x)+g(x)]\mathrm{d}x$
$=\int f(x)\mathrm{d}x+\int g(x)\mathrm{d}x$

④ $\int[f(x)-g(x)]\mathrm{d}x$
$=\int f(x)\mathrm{d}x-\int g(x)\mathrm{d}x$

使用不定积分的公式求不定积分

(1) 求 $\int(3x+4)\mathrm{d}x$ 的不定积分。

$\int(3x+4)\mathrm{d}x =\int 3x\mathrm{d}x+\int 4\mathrm{d}x$ 公式③
$=3\int x\mathrm{d}x+4\int \mathrm{d}x$ 公式②
$=3\times\frac{x^2}{2}+4\times x+C$ 公式①
$=\frac{3}{2}x^2+4x+C$

(2) 求 $\int(6x^2-5x-7)\mathrm{d}x$ 的不定积分。

$\int(6x^2-5x-7)\mathrm{d}x =\int 6x^2\mathrm{d}x-\int 5x\mathrm{d}x-\int 7\mathrm{d}x$ 公式④
$=6\int x^2\mathrm{d}x-5\int x\mathrm{d}x-7\int \mathrm{d}x$ 公式②
$=6\times\frac{x^3}{3}-5\times\frac{x^2}{2}-7\times x+C$ 公式①
$=2x^3-\frac{5}{2}x^2-7x+C$

▶ 定积分

设函数 $f(x)$ 的不定积分为 $F(x)$，如右边的例子所示，可知 $F(b)-F(a)$ 的值与积分常数 C 无关。

这个 $F(b)-F(a)$ 称为 $f(x)$ 从 a 到 b 的**定积分**，记成 $\int_a^b f(x)dx$。

另外，$F(b)-F(a)$ 也可记成 $[F(x)]_a^b$。

函数 $f(x)=2x$ 的不定积分 $F(x)$ 为

$$F(x)=\int 2xdx=x^2+C$$

在此，若求 $F(2)-F(1)$，则

$$F(2)-F(1)$$
$$=(2^2+C)-(1^2+C)=3$$

定积分的求法

我们对定积分的求法进行整理，如右所示。这时，a 称为**下限**，b 称为**上限**。

求 $\int_1^3 x^2 dx$ 的定积分。

$$\int_1^3 x^2 dx = \left[\frac{x^3}{3}\right]_1^3 = \frac{3^3}{3} - \frac{1^3}{3}$$
$$= \frac{27}{3} - \frac{1}{3} = \frac{26}{3}$$

$\left[\frac{x^3}{3}\right]_1^3$ 也可以这样计算：
$\left[\frac{x^3}{3}\right]_1^3 = \frac{1}{3}[x^3]_1^3 = \frac{1}{3}(3^3-1^3) = \frac{1}{3}(27-1)$

定积分的求法 $F'(x)=f(x)$ 时

① $\int_a^b f(x)\,dx = [F(x)]_a^b$
$$= F(b)-F(a)$$

② $\int_a^b kf(x)\,dx = k\int_a^b f(x)\,dx$
（k 为常数）

③ $\int_a^b [f(x)+g(x)]\,dx$
$$= \int_a^b f(x)\,dx + \int_a^b g(x)\,dx$$

④ $\int_a^b [f(x)-g(x)]\,dx$
$$= \int_a^b f(x)\,dx - \int_a^b g(x)\,dx$$

定积分的公式

求定积分时，可以使用右边的公式进行计算。

k 为常数时，可以使用公式②。

定积分的和与差可以使用公式③和④。

公式②③④和不定积分的公式相同。

使用定积分的公式求定积分

求 $\int_2^4 (3x^2-7x+5)dx$ 的定积分。

$\int_2^4 (3x^2-7x+5)dx = \int_2^4 3x^2 dx - \int_2^4 7x dx + \int_2^4 5 dx$ ← 公式③④

对于 $7\left[\frac{x^2}{2}\right]_2^4$，可以把 [ ] 内的分母部分移出，变成 $\frac{7}{2}[x^2]_2^4$，再进行计算。

$= 3\int_2^4 x^2 dx - 7\int_2^4 x dx + 5\int_2^4 dx$ ← 公式②

$= 3\left[\frac{x^3}{3}\right]_2^4 - 7\left[\frac{x^2}{2}\right]_2^4 + 5[x]_2^4$ ← 公式①

$= [x^3]_2^4 - \frac{7}{2}[x^2]_2^4 + 5[x]_2^4$

$= (4^3-2^3) - \frac{7}{2}\times(4^2-2^2) + 5\times(4-2)$ ← 公式①

$= (64-8) - \frac{7}{2}\times(16-4) + 5\times2$

$= 56-42+10 = 24$

也可以转化为 $\left[x^3-\frac{7}{2}x^2+5x\right]_2^4$。

定积分大多转化为这个形式再进行计算。

计算方法如下：

$\left(4^3-\frac{7}{2}\times4^2+5\times4\right)$
$\quad -\left(2^3-\frac{7}{2}\times2^2+5\times2\right)$
$= (64-56+20)-(8-14+10)$
$= 28-4$
$= 24$

▶ 图形的面积与定积分

曲线在某一区间内与 x 轴围成的图形的面积可利用定积分求算。

$f(x) \geqslant 0$ 时的图形面积

当 $a \leqslant x \leqslant b$ 且 $f(x) \geqslant 0$ 时，曲线 $y = f(x)$ 和 x 轴及两条直线 $x = a$、$x = b$ 围成的图形面积 S 等于 $f(x)$ 从 a 到 b 的定积分。（→第 158 页）

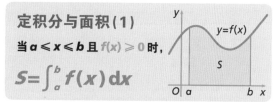

定积分与面积（1）
当 $a \leqslant x \leqslant b$ 且 $f(x) \geqslant 0$ 时，
$$S = \int_a^b f(x)\, \mathrm{d}x$$

求曲线 $y = -x^2 + 9$ 和两条直线 $x = -1$、$x = 2$ 以及 x 轴围成的图形面积 S。

因为在 $-1 \leqslant x \leqslant 2$ 的范围内，$-x^2 + 9 > 0$，所以

$$S = \int_{-1}^2 (-x^2 + 9)\, \mathrm{d}x = \left[-\frac{x^3}{3} + 9x \right]_{-1}^2$$
$$= \left(-\frac{2^3}{3} + 9 \times 2 \right) - \left[-\frac{(-1)^3}{3} + 9 \times (-1) \right]$$
$$= -\frac{8}{3} + 18 - \frac{1}{3} + 9 = 24$$

$f(x) \leqslant 0$ 时的图形面积

当 $a \leqslant x \leqslant b$ 且 $f(x) \leqslant 0$ 时，对于曲线 $y = f(x)$ 和 x 轴及两条直线 $x = a$、$x = b$ 围成的图形，要用什么方法求出它的面积 S 呢？

如右图所示，曲线 $y = f(x)$ 和曲线 $y = -f(x)$ 关于 x 轴对称，所以面积 S 与曲线 $y = -f(x)$ 和 x 轴及两条直线 $x = a$、$x = b$ 围成的图形面积 S' 相等。

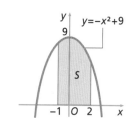

定积分与面积（2）
当 $a \leqslant x \leqslant b$ 且 $f(x) \leqslant 0$ 时，
$$S = \int_a^b \left[-f(x) \right] \mathrm{d}x$$

求曲线 $y = x^2 - 2x - 3$ 和 x 轴围成的图形面积 S。

先求曲线 $y = x^2 - 2x - 3$ 和 x 轴的交点的 x 坐标，$x^2 - 2x - 3 = (x + 1)(x - 3) = 0$，由此可知，$x = -1$，$3$。又，在 $-1 \leqslant x \leqslant 3$ 的范围内，$x^2 - 2x - 3 \leqslant 0$，所以

$$S = \int_{-1}^3 \left[-(x^2 - 2x - 3) \right] \mathrm{d}x = \int_{-1}^3 (-x^2 + 2x + 3)\, \mathrm{d}x = \left[-\frac{x^3}{3} + x^2 + 3x \right]_{-1}^3$$
$$= \left(-\frac{3^3}{3} + 3^2 + 3 \times 3 \right) - \left[-\frac{(-1)^3}{3} + (-1)^2 + 3 \times (-1) \right] = 9 - \left(\frac{1}{3} - 2 \right) = \frac{32}{3}$$

两条曲线间的面积

当 $a \leqslant x \leqslant b$ 且 $f(x) \geqslant g(x)$ 时，两条曲线 $y = f(x)$、$y = g(x)$ 和两条直线 $x = a$、$x = b$ 围成的图形面积 S，可以使用右边的方法求得。

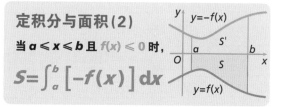

定积分与面积（3）
当 $a \leqslant x \leqslant b$ 且 $f(x) \geqslant g(x)$ 时，
$$S = \int_a^b \left[f(x) - g(x) \right] \mathrm{d}x$$

求两条曲线 $y = -x^2 + x + 6$、$y = x^2$ 和两条直线 $x = 0$、$x = 1$ 所围成的图形面积 S。

因为在 $0 \leqslant x \leqslant 1$ 的范围内，$-x^2 + x + 6 \geqslant x^2$，所以

$$S = \int_0^1 \left[(-x^2 + x + 6) - x^2 \right] \mathrm{d}x = \int_0^1 (-2x^2 + x + 6)\, \mathrm{d}x$$
$$= \left[-\frac{2}{3} x^3 + \frac{x^2}{2} + 6x \right]_0^1 = \left(-\frac{2}{3} \times 1^3 + \frac{1^2}{2} + 6 \times 1 \right) - 0$$
$$= -\frac{2}{3} + \frac{1}{2} + 6 = -\frac{4}{6} + \frac{3}{6} + \frac{36}{6} = \frac{35}{6}$$

■ 纳皮尔常数 e

在右图中，函数 $y = \dfrac{1}{x}$ 的图像和直线 $x=1$、直线 $x=e(e>1)$、x 轴围成了一个黄色区域，使这个区域的面积为 1 的常数 e，称为纳皮尔常数。e 这个符号源自瑞士数学家欧拉（Leonhard Euler, 1707—1783）的姓氏的首字母，不过，为了纪念 17 世纪初发明对数的约翰·纳皮尔（John Napier，1550—1617）而称之为**纳皮尔常数**。

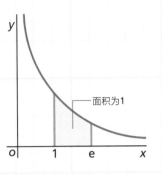

面积为1

把对数函数 $f(x) = \log_a x$ 微分，则

$$f'(x) = \lim_{h \to 0} \frac{\log_a (x+h) - \log_a x}{h} = \lim_{h \to 0} \frac{1}{h} \log_a \left(1 + \frac{h}{x}\right)$$

设 $\dfrac{x}{h} = t$，则 $h \to 0$ 时，$t \to \infty$，所以

$$f'(x) = \lim_{t \to \infty} \frac{t}{x} \log_a \left(1 + \frac{1}{t}\right) = \frac{1}{x} \lim_{t \to \infty} \log_a \left(1 + \frac{1}{t}\right)^t$$

已知 $t \to \infty$ 时，$\lim\limits_{t \to \infty} (1 + \frac{1}{t})^t$ 有极限值，所以把这个极限值记成 e，

则由 $e = \lim\limits_{t \to \infty} \left(1 + \dfrac{1}{t}\right)^t$ 可得 $(\log_a x)' = \dfrac{1}{x} \log_a e$

尤其是当 $a = e$ 时，由 $\log_e e = 1$ 可得 $(\log_e x)' = \dfrac{1}{x}$ ← 对数函数的导函数

其中，$\log_e x$ 称为自然对数，并规定 e 为自然对数的底。

根据函数 e^x 的无穷级数展开式：

$$e^x = 1 + \frac{x}{1!} + \frac{x^2}{2!} + \frac{x^3}{3!} + \frac{x^4}{4!} + \cdots + \frac{x^k}{k!} + \cdots$$

当 $x = 1$ 时，

$$e = 1 + \frac{1}{1!} + \frac{1}{2!} + \frac{1}{3!} + \frac{1}{4!} + \cdots$$

$$= 1 + 1 + 0.5 + 0.1666\cdots + 0.04166\cdots + \cdots$$

求首项至第 10 项的和，可得 e 的近似值 2.71828。

这个纳皮尔常数 e 为无理数，而且，它和 π 一样都是超越数。

■ 欧拉公式

对于实数 θ，成立 $e^{i\theta} = \cos\theta + i\sin\theta$，这个式子称为**欧拉公式**。在欧拉公式中，设 $\theta = \pi$，则 $\cos\pi = -1$，$\sin\pi = 0$，由此可推导出

$$e^{i\pi} = -1，亦即 e^{i\pi} + 1 = 0$$

（欧拉恒等式）

这个恒等式表示了纳皮尔常数 e、圆周率 π 和虚数 i 的关系，被称为"史上最美的公式"。

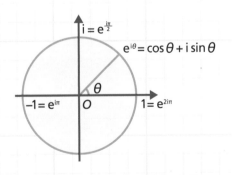

$i = e^{\frac{i\pi}{2}}$

$e^{i\theta} = \cos\theta + i\sin\theta$

$-1 = e^{i\pi}$　O　$1 = e^{2i\pi}$

＊在弧度制中，一个完整的圆的弧度是 2π，所以 $2\pi = 360°$，$\pi = 180°$。

概率与统计

第4章

一听到"概率"，就会立刻联想到彩票的人，想必不在少数吧！事实上，概率论就是起源于猜测骰子点数的游戏。不过，概率以及统计的思维方式也可以广泛地运用在日常生活中。不妨动动脑筋，想想如何将这一章中学习到的知识运用在生活中吧。

概率

概率是表示某事件发生的可能性大小的数。

▶ 概率是什么?

我们来进行一项实验,调查骰子各个点数出现的可能性大小。右边的表是投掷 1 个骰子时,掷出 1 点的次数的实验结果,其中投掷次数从 50 到 2000 逐渐增加。

在判断某个事件发生的可能性时,经常使用如右表所示的相对次数。

$$相对次数 = \frac{某事件发生的次数}{全体的次数}$$

投掷的次数	掷出1点的次数	掷出1点的相对次数
50	6	0.120
100	18	0.180
200	31	0.155
400	65	0.163
600	104	0.173
800	136	0.170
1000	165	0.165
1200	201	0.168
1400	231	0.165
1600	267	0.167
1800	302	0.168
2000	333	0.167

右边的散点图表示右上表的"投掷次数"和"掷出 1 点的相对次数"的关系。

随着投掷次数越来越多,掷出 1 点的相对次数的偏离程度也越来越小,逐渐接近一个定值。

像这样,如果**进行多次实验,某事件发生的相对次数逐渐接近某个定值**,就可以用这个定值来表示这个事件发生的可能性。**这个定值称为这个事件发生的概率。**

掷出 1 点的概率约为 0.167。

根据实验、观察或调查所求得的概率

在上面的例子中,骰子掷出 1 点这一事件的概率是通过实验求得的。下列事件的概率可以通过实验、观察或调查求得。

❶（通过实验求得的概率）投掷图钉时,图钉的钉子朝上的概率

右边的表是投掷一枚图钉,图钉的钉子朝上的次数及其相对次数。钉子朝上的相对次数为

$$钉子朝上的相对次数 = \frac{钉子朝上的次数}{投掷的次数}$$

投掷的次数	钉子朝上的次数	钉子朝上的相对次数
100	34	0.340
200	72	0.360
400	163	0.408
600	215	0.358
800	317	0.396
1000	371	0.371
1200	459	0.383
1400	564	0.403
1600	621	0.388
1800	702	0.390
2000	781	0.391

随着投掷次数越来越多,相对次数逐渐接近 0.39。因此,图钉的钉子朝上的概率约为 0.39。

❷（通过观察和调查求得的概率）11月3日为晴天的概率

某城市在过去 30 年里,11 月 3 日有 19 天为晴天。

也就是说,经过观察和调查,在过去 30 个 11 月 3 日中,有 19 天是晴天。因此可得出下列式子:

$$晴天的相对次数 = \frac{晴天的次数}{观察的次数} = \frac{19}{30} = 0.6333\cdots$$

因此,某城市 11 月 3 日为晴天的概率约为 0.63。

像这样无法一再进行多次实验的事件,可依据实际进行的多次观察和调查的结果来求得概率。

等可能性事件的概率

❶ 投掷骰子时，各个点数出现的概率

投掷骰子时，有没有哪个点数比较容易出现呢？

如果骰子的制造过程完美无瑕（这样的骰子称为公正的骰子），则可以认为从 1 点到 6 点中每个

点数出现的可能性相同。在这样的情况下，称每种情况发生的**机会均等**。

投掷一个公正的骰子时，可能发生的情况有掷出 1 点、2 点、3 点、4 点、5 点、6 点，每个点数出现的机会均等。

因此，我们可以认为任何一个点数出现的概率都是 $\frac{1}{6}$。

$\frac{1}{6} = 0.1666\cdots$，这个值和上页依据实验结果所求得的**概率 0.167** 相当接近。

这就意味着，假设某个事件发生的概率为 p，则重复进行多次相同的实验或观察，这个事件发生的相对次数会趋近于 p。

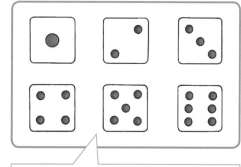

骰子从 1 到 6 中任何一个点数出现的机会都相同。

每个点数出现的概率都是 $\frac{1}{6}$。

如果认定某些事件发生的机会均等，则即使不做实验也能求得概率。

❷ 投掷硬币时，正面和反面出现的概率

投掷硬币时，可以认为正面和反面出现的可能性相同。也就是说，出现正面和出现反面的机会均等。这时，可能发生的情况共有"**出现正面**"和"**出现反面**"两种，所以出现正面的概率和出现反面的概率都是 $\frac{1}{2}$。

投掷硬币时，**出现正面的概率为 $\frac{1}{2}$**。

→多次投掷硬币，**出现正面的相对次数趋近于 $\frac{1}{2}$ (0.5)**。

（注意，并不是每投两次必定有 1 次出现正面。）

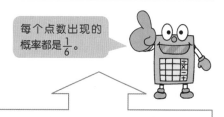

正面　　　　　反面

投掷图钉时，钉子朝上和钉子朝下的机会均等吗？

投掷图钉时，可能发生的情况共有"钉子朝上"和"钉子朝下"两种。

当可能发生的情况共有两种时，如果每种情况发生的机会均等，那么每种情况发生的概率都是 $\frac{1}{2}$（0.5）。但是根据上页的实验结果，钉子朝上的概率大约为 0.39，所以不能说钉子朝上和钉子朝下的机会均等。

钉子朝上　　　　钉子朝下

▶ 概率的计算方法

当所有可能发生的情况出现的机会均等时，即使不进行实验和观察，也能通过计算求得概率。

通过计算求得概率的方法

❶ 骰子出现偶数点的概率

想一想，投掷骰子时，出现偶数点的概率可以用什么方法计算。

投掷骰子时，点数出现的情况如右图所示，总共有 **6 种**，每种点数出现的**机会均等**。

其中，出现偶数点的情况有 **3 种**，所以出现偶数点的概率可以依据以下方法求得：

$$出现偶数点的概率 = \frac{出现偶数点的情况}{所有可能发生的情况} = \frac{3}{6} = \frac{1}{2}$$

概率的计算方法

假设所有可能发生的情况为 n 种，每一种情况发生的机会均等，那么如果事件 A 发生的情况为 a 种，则 A 发生的概率 p 如右所示。

$$p = \frac{a}{n}$$

---

❷ 抽牌的概率

• 拿掉王牌后，一副扑克牌有 52 张，从其中抽 1 张，抽到方块（◆）牌的概率是多少？

扑克牌有红心（♥）、黑桃（♠）、方块（◆）、梅花（♣）这 4 种花色，每种花色各有 13 张。

① 因为是从 52 张当中抽 1 张，则可能发生的情况共有 **52 种**，且每张牌被抽中的**机会均等**。

② 方块（◆）牌共有 13 张，所以抽到方块（◆）牌的情况有 **13 种**。

③ 因此，抽到方块（◆）牌的概率：

$$抽到方块牌的概率 = \frac{抽到方块牌的情况}{所有可能发生的情况} = \frac{13}{52} = \frac{1}{4}$$

• 从 52 张扑克牌当中抽 1 张牌，这张牌是 2 的概率是多少？

① 所有可能发生的情况和抽方块牌的情况相同，共有 **52 种**。

② 2 有红心（♥）、黑桃（♠）、方块（◆）、梅花（♣）共 4 种花色，所以抽到 2 的情况有 **4 种**。

③ 因此，抽到 2 的概率：

$$抽到2的概率 = \frac{抽到2的情况}{所有可能发生的情况} = \frac{4}{52} = \frac{1}{13}$$

抽到 2 的情况比较少，所以概率也比较小。

其他关于抽扑克的概率问题，可以用这两个例子作为参考。

概率的范围

现在来分析一下概率的范围。

如右图所示，每个袋子里分别装有 7 颗球。想一想，现在分别从每个袋子里拿出 1 颗球，那么拿出的球为**红球**的**概率**各是多少？

在①中，拿出红球的情况有 4 种，所以拿出红球的概率为 $\frac{4}{7}$。

在②中，拿出红球的情况有 7 种，所以拿出红球的概率为 $\frac{7}{7}=1$。

在③中，拿出红球的情况有 0 种，所以拿出红球的概率为 $\frac{0}{7}=0$。

随机拿出 1 颗红球的概率

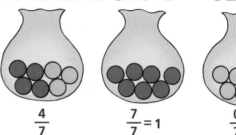

① 红球 4 颗、蓝球 3 颗　② 红球 7 颗　③ 蓝球 7 颗

$\frac{4}{7}$　　$\frac{7}{7}=1$　　$\frac{0}{7}=0$

> 设某个事件发生的概率为 p，则必然 $0 \leq p \leq 1$
> 必然会发生的事件的概率 $p=1$
> 绝对不可能发生的事件的概率 $p=0$

使用图表求概率的方法

考虑所有可能发生的情况时，使用图表会比较容易理清。

求同时投掷两枚硬币时，一枚出现正面、一枚出现反面的概率。

我们常常会误以为只有右边 3 种可能发生的情况，但这是错误的。

同时投掷两枚硬币时，每枚硬币都有出现正面和出现反面这两种情况。

> 只有正面和正面、正面和反面、反面和反面这 3 种情况吗？

利用表来思考

设两枚硬币分别为硬币 A 和硬币 B，这两枚硬币出现的情况如右表所示。

假设硬币 A 出现正面、硬币 B 出现反面的情况记为（正，反），则所有可能发生的情况有

（正，正）、（正，反）、（反，正）、（反，反）→4 种

每种情况发生的**机会均等**，其中，一枚为正面、一枚为反面的情况有**2 种**。

因此，所求的概率为 $\frac{2}{4}=\frac{1}{2}$。

硬币 A	硬币 B
正面	正面
正面	反面
反面	正面
反面	反面

A　　　B

> 也可以整理成这样的表格。

硬币 A ＼ 硬币 B	正面	反面
正面	（正，正）	（正，反）
反面	（反，正）	（反，反）

利用图来思考

将所有可能发生的情况整理成右图。这种图称为**树状图**，经常用来整理并罗列所有可能发生的情况。

从这个图可以得知，所有可能发生的情况有**4 种**。其中，一枚为正面、一枚为反面的情况有**2 种**。

因此，所求的概率为 $\frac{2}{4}=\frac{1}{2}$。

当遇到**等可能性事件**时，我们可以用树状图或表格来求概率。

树状图

硬币 A　　硬币 B

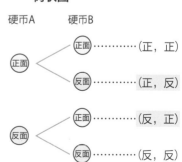

正面 ………… （正，正）
反面 ………… （正，反）
正面 ………… （反，正）
反面 ………… （反，反）

▶ 各种概率

现在我们来思考一下两个事件同时发生的概率、抽签的概率等稍微复杂的概率问题。

同时投掷两个骰子时的概率

使用表格求算同时投掷两个骰子时，掷出的点数之和是 7 的概率以及是 4 的倍数的概率。

设两个骰子为 A、B，并且把所有可能发生的情况整理成下表。在这个表中，将 A 骰子的点数为 a、B 骰子的点数为 b 的情况记为（a，b）。

掷出的点数之和是 7 的概率

可能发生的情况共有 **36** 种，且每种情况发生的机会相同。

其中，点数之和是 7 的情况有

(1，6)、(2，5)、(3，4)、(4，3)、(5，2)、(6，1)

也就是右表中的 **6 个** ▭ 部分，因此所求的

概率是 $\dfrac{6}{36}=\dfrac{1}{6}$。

A＼B	1	2	3	4	5	6
1	(1, 1)	(1, 2)	(1, 3)	(1, 4)	(1, 5)	(1, 6)
2	(2, 1)	(2, 2)	(2, 3)	(2, 4)	(2, 5)	(2, 6)
3	(3, 1)	(3, 2)	(3, 3)	(3, 4)	(3, 5)	(3, 6)
4	(4, 1)	(4, 2)	(4, 3)	(4, 4)	(4, 5)	(4, 6)
5	(5, 1)	(5, 2)	(5, 3)	(5, 4)	(5, 5)	(5, 6)
6	(6, 1)	(6, 2)	(6, 3)	(6, 4)	(6, 5)	(6, 6)

掷出的点数之和为 4 的倍数的概率

和掷出的点数之和是 7 的概率一样，可以使用右上表来计算。

可能发生的情况共有 **36** 种，且每种情况发生的机会相同。

其中，点数之和为 4 的倍数的情况有

(1，3)、(2，2)、(3，1)、(2，6)、(3，5)、(4，4)、(5，3)、(6，2)、(6，6)

也就是上表中的 **9 个** ▭ 部分，因此所求的概率是 $\dfrac{9}{36}=\dfrac{1}{4}$。

一个事件不会发生的概率

现在来分析一下一个事件会发生的概率和不会发生的概率之间的关系。

在上面的例子中，我们求了同时投掷两个骰子时，掷出的点数之和是 7 的概率。那么掷出的点数之和不是 7 的概率是多少呢？

掷出的点数之和不是 7 的概率

可能发生的情况共有 **36** 种，且每种情况发生的机会相同。经过前面的分析，其中点数之和是 7 的情况共有 **6** 种。

因为掷出的点数之和一定是"是 7"或"不是 7"中的一种，所以掷出的点数之和**不是 7 的情况为（所有情况）－（是 7 的情况）= 36－6 = 30（种）**。

因此，掷出的点数之和**不是 7 的概率为 $\dfrac{30}{36}=\dfrac{5}{6}$**。

由上可知，对于掷出的点数之和，

(是7的概率)＋(不是7的概率) $=\dfrac{1}{6}+\dfrac{5}{6}=1$。

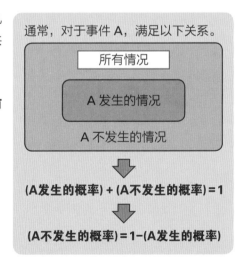

通常，对于事件 A，满足以下关系。

```
所有情况
  A 发生的情况
A 不发生的情况
```

⬇

(A发生的概率) + (A不发生的概率) = 1

⬇

(A不发生的概率) = 1－(A发生的概率)

抽签的概率

A、B 两个人从 5 支签当中抽 2 支有奖的签。若 A、B 两人依序各抽 1 支签，则哪一个人抽中奖签的概率比较高？

所有可能发生的情况

把有奖的签编成❶号和❷号，其他 3 支签编成③号、④号、⑤号，再把 A、B 两人抽签的情况画成树状图，如下所示：

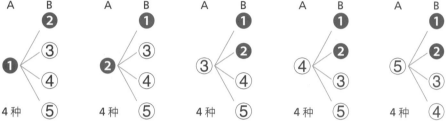

A 抽中❶号时，B 抽签的情况有❷号、③号、④号、⑤号共 4 种。A 抽中❷号、③号、④号、⑤号中的任何 1 支时，B 抽签的情况也都各有 4 种。因此，可能发生的情况共有 **20** 种，而且每种情况发生的机会相同。

抽中奖签的情况

"A 抽中奖签"的情况为抽出❶号或❷号时的 4＋4＝**8**（种）。"B 抽中奖签"的情况也是抽出❶号或❷号时的 **8** 种。因此，A 和 B 抽中奖签的概率都是 $\dfrac{8}{20}=\dfrac{2}{5}$。

→抽中奖签的概率，不论先抽、后抽都相同。

"至少"的概率

把 3 颗红球、2 颗黄球放入袋子里，若同时取出 2 颗球，则其中至少有 1 颗是红球的概率有多少？

把红球编成 A、B、C，黄球编成 D、E，再把取球的情况画成树状图，如下所示：

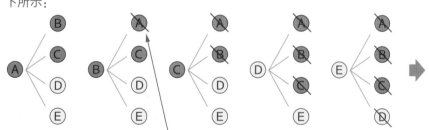

相同的组合用斜线删掉，再重新整理。

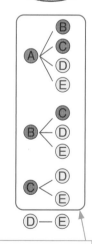

整理后，如右图所示。同时取出的两球有 **10** 种组合，而且每种组合出现的机会相同。

取出的 2 颗都是黄球的概率是 $\dfrac{1}{10}$。

"至少有 1 颗是红球"的情况就是"2 颗不都是黄球"的情况。

因此，取出的球至少有 1 颗是红球的概率为

$$1-(\text{取出的 2 颗都是黄球的概率})=1-\dfrac{1}{10}=\dfrac{9}{10}$$

> "至少有 1 颗是红球"的情况就是"2 颗不都是黄球"的情况。

统计

指对某一现象有关的数据进行搜集、整理、计算、分析、解释、表达等。

▶ 各种代表值

有时候，我们会把全体数据以一个数值作代表，再以这个数值为基准，将数据做比较，调查它的特征和样貌，或进行判断。这个代表全体数据的数值称为**代表值（代表数）**。代表值除了经常使用的**平均数**之外，还有**中位数**、**众数**等。

左表是某小学 6 年级两个班级男学生的棒球投掷距离（单位 m）依数值从小到大的顺序排列而成的表。

平均数 表示一组数据集中趋势的量数，它是反映数据集中趋势的一项指标。

$$平均数 = \frac{所有数据之和}{数据的个数}$$

甲班男学生投掷距离的平均数为

四舍五入，保留一位小数

$(19+20+23+\cdots+42+45) \div 16 = 30.125 \rightarrow 30.1(m)$

乙班男学生投掷距离的平均数为

$(22+24+25+\cdots+38+40) \div 15 = 30.4(m)$

中位数 一组数据按大小顺序排列，处于正中央的数据叫这组数据的中位数。当数据的个数为偶数时，取中央两个值的平均数作为中位数。

甲班男学生投掷距离的中位数为 $(29+30) \div 2 = 29.5(m)$

乙班男学生投掷距离的中位数为 $30(m)$

众数 一组数据当中，最常出现的那个数据。

甲班男学生投掷距离的众数为 **29(m)**，乙班数据的众数为 **30(m)**

全距 一组数据中最大值和最小值的差。

甲班男学生投掷距离的全距为 **45－19＝26 (m)**

乙班男学生投掷距离的全距为 **40－22＝18 (m)**

甲班的离散程度比较大。

甲班
甲班	
19	◀最小值
20	
23	
25	
26	
27	
29	众数
29	中位数
30	
31	
32	
33	
35	
36	
42	
45	◀最大值

（全距）

乙班
乙班	
22	◀最小值
24	
25	
27	
29	
29	
30	众数
30	中位数
30	
31	
32	
34	
35	
38	
40	◀最大值

（全距）

▶ 次数分布表

对于一组大小不同的数据划出等距的分组区间（称为组距），然后将数据按其数值大小列入各个相应的组别内，便可以出现一个有规律的表式。这种统计表称为次数分布表。

右表就是将左边的两组数据按照组距为 5m 分别分组后，形成的次数分布表。

距离的分组(m)	甲班的次数(人)	乙班的次数(人)
15~20	1	0
20~25	2	2
25~30	5	4
30~35	4	6
35~40	2	2
40~45	1	1
45~50	1	0
合计	16	15

＊为了避免某项数据重复出现，分组时一般遵循"上组限不在内"原则，即当相邻两组的上下限重叠时，恰好等于某一组上限的数值不算在本组内，而计算在下一组内。

▶ 直方图与次数折线图

为了方便观察次数分布的样貌，有时会把分布情况以图形来表示。如右图所示，利用以组距为宽度、以次数为长度的长方形来表示的图形，称为**直方图**（柱状图）。

在直方图中，把每一个长方形上边的中点，依序以线段连接。如果两端有次数为 0 的组，则把线段延长到横轴。如此画成的折线图形称为**次数折线图**。

在直方图中，次数最多的组的**组中值**（各组上下限之间的中点数值）称为**众数**。因此，

甲班的众数是27.5(m)
乙班的众数是32.5(m)

▼比较两个直方图

乙班是中央比左右高的山形，众数比平均数大。甲班的众数偏左，比平均数小。

右边的图 2 是依据图 1，把甲班男学生和乙班男学生的次数折线叠合表示的图形。

▶ 相对次数

各组的次数相对于全体的比例，称为该组的相对次数。

$$\text{相对次数} = \frac{\text{各组的次数}}{\text{次数的合计}}$$

以全体次数为1的比例。

右边的图 3，是把下方的相对次数以折线表示的图形。

距离的 分组(m)	甲班的 相对次数	乙班的 相对次数
15~20	0.06	0.00
20~25	0.13	0.13
25~30	0.31	0.27
30~35	0.25	0.40
35~40	0.13	0.13
40~45	0.06	0.07
45~50	0.06	0.00
合计	1.00	1.00

虽然次数不同，但使用相对次数会更便于比较。

*相对次数用取到小数第 2 位的概数来表示。

图1

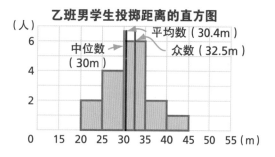

甲班男学生投掷距离的直方图

众数（27.5m）　中位数（29.5m）　平均数（30.1m）

乙班男学生投掷距离的直方图

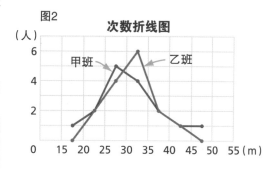

中位数（30m）　平均数（30.4m）　众数（32.5m）

图2

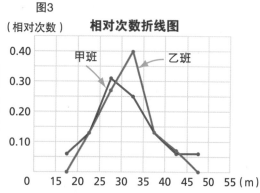

次数折线图

甲班　乙班

图3

（相对次数）

相对次数折线图

甲班　乙班

▶ 抽样调查

把黄色和蓝色两种球放入箱子里。从这个箱子里捞出适当数量的球，如果箱子里的两种球已经充分混合，则可认为捞出的两种球的个数比例与全体中两种球的个数比例相同。但是，如果没有充分混合，则不可以认为捞出的两种球的个数比例与全体中两种球的个数比例相同。

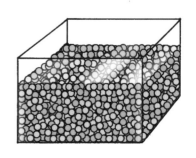

从全部调查研究对象中抽选一部分单位进行调查，并据此对全部调查研究对象做出估计和推断的方法称为**抽样调查**。而对调查对象中的所有单位全部加以调查的方法称为全面调查（或普查），如人口普查等。

总体和样本

我们把调查对象的全体叫作**总体**，把组成总体的每一个部分叫作个体。从总体中取出的一部分个体称为这个总体的一个**样本**。一个样本包含的个体的数量称为这个样本的容量。

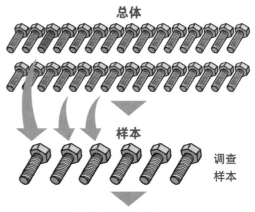

总体

样本

调查样本

了解总体的倾向和性质

样本的抽取

在抽样调查中，接受调查的对象是样本，抽样调查的目的是从样本的倾向推测总体的倾向，所以必须公正而毫不偏颇地抽取样本，以便能够代表总体。

在抽样时，如果总体中每个个体被抽选的机会均等，且其被选中与其他个体间无任何牵连，那么这种既满足随机性又满足独立性的抽样，就称为**随机抽样**。

随机抽取号码的方法

有时候，我们会把总体中的每个个体逐一加上编号，再随机抽取号码，以此取出样本。随机抽取号码的方法有以下三种。

① 利用随机数表

随机数表又称乱数表，是由随机生成的从 0 到 9 十个数字所组成的数表，每个数字在表中出现的次数是大致相同的，而且它们出现在表中的顺序是随机的。

首先随机决定要从随机数表中的哪一个数字开始，接着随机决定要从这个数字往上下、左右、斜向的任一方向前进，最后依照所需的位数，读取所需的个数。

随机数表的一部分

28	89	65	87	08	13	50	63	04	23
30	29	43	65	42	78	66	28	55	80
95	74	62	60	53	51	57	32	22	27
01	85	54	96	72	66	86	65	64	60
10	91	46	96	86	19	83	52	47	53
05	33	18	08	51	51	78	57	26	17
04	43	13	37	00	79	68	96	26	60
05	85	40	25	24	73	52	93	70	50
84	90	90	65	77	63	99	25	69	02

② 利用乱数骰子

乱数骰子是一个正二十面体，把 0 到 9 的数字分别任意记在两个面上。和普通骰子一样，每个点数出现的机会都相同。同时投掷两颗乱数骰子，或将一颗乱数骰子投两次，即可掷出 0~99 之中的任意一个数。重复投掷，直到取得所需的个数。

乱数骰子

③ 利用计算机的表格计算公式

使用表格计算公式，例如，从 1 到 100 的整数当中选 1 个数，在一个单元格内输入

=INT（RAND（ ）＊100）＋1

在其他单元格内重复输入这个指令，直到取得所需的个数。

*采用①~③中任何一种方法，如果遇到相同的数选出两次，或选出的数大于整组数据的个数，则必须剔除。

输入公式

显示随机数的单元格

样本调查的应用

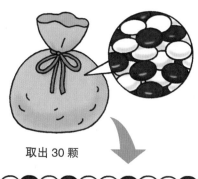

取出 30 颗

只要把袋子里的全部棋子视为总体，取出的棋子视为样本，你就懂了。

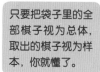

（1）袋子里有黑棋子和白棋子共 450 颗。从这个袋子里随机取出 30 颗棋子，其中有 16 颗白棋子。请问在这个袋子里，白棋子大约有多少颗？

从这个袋子里随机取出的棋子有 30 颗，其中含有 16 颗白棋子，则

$$取出的白棋子占取出的全部棋子的比例＝\frac{16}{30}＝\frac{8}{15}$$

因为是随机取出，所以，全部棋子中黑棋子和白棋子的数量比例与取出的棋子中黑棋子和白棋子的数量比例，可以认为是大约相等的。

因此，全部棋子当中白棋子的总数为

$$450×\frac{8}{15}=240 → \underline{\textbf{大约240颗}}$$

（2）某人为了调查池塘里的鲤鱼数量，采用了下列方法：

他先用渔网捞取 30 条鲤鱼，全部贴上标签，再放回池里。3 天后，再用渔网捞取 20 条鲤鱼，发现其中有 4 条鲤鱼贴着标签。能否据此推测这个池塘里的鲤鱼数量呢？

第 1 次捞到的 30 条鲤鱼全部贴上标签再放回池里，假设池塘里的鲤鱼总共有 x 条，则 x 条和贴上标签的 30 条鲤鱼的比例与第 2 次捞取的 20 条鲤鱼和贴有标签的 4 条鲤鱼的比例，可以认为是相等的。

$x：30＝20：4 → 4x＝600$

└─ 比例式 $a:b = c:d → ad = bc$

由此可知，$x＝150$

即池塘中大约有 150 条鲤鱼。

第 1 次捞取的鲤鱼

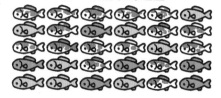

第 2 次捞取的鲤鱼

捞取的 20 条当中，有 4 条贴有标签，因此两者之比表示为 20:4。

在右图所示的长方形 ABCD 中作一个以 AB 为一边的正方形 ABFE，若剩下的长方形 CDEF 和原来的长方形 ABCD 相似，则称长方形 ABCD 为黄金矩形。若从长方形 CDEF 中作一个以 CF 为一边的正方形 CGHF，则剩下的长方形 GDEH 也会是黄金矩形。

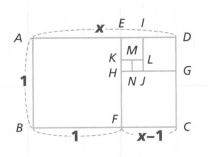

在长方形 ABCD 中，设 AB 的长为 1，AD 的长为 x，则 $(x-1):1 = 1:x$，得出 $x(x-1)=1$，$x^2-x-1=0$，解得 $x = \frac{1\pm\sqrt{5}}{2}$，因为 $x>0$，所以 $x = \frac{1+\sqrt{5}}{2}$。

因此，长方形 ABCD 的宽和长之比为 $AB:AD = 1:\frac{1+\sqrt{5}}{2}$。这个比称为"**黄金比例**"。取 $\sqrt{5}=2.236$，则 $\frac{1+\sqrt{5}}{2}=1.618$，所以

$$1:\frac{1+\sqrt{5}}{2}=1:1.618 \rightarrow 这个比约为 5:8。$$

我们周围的许多事物都是依据黄金比例来设计长度的。法国卢浮宫珍藏的米洛斯的维纳斯雕塑从肚脐到头顶的长度和从脚底到肚脐的长度，呈现出 5:8 的黄金比例；希腊雅典卫城的遗迹帕特农神庙的正面高度和宽度，也采用了 5:8 的黄金比例。另外，在自然界中，鹦鹉螺的螺旋纹路、向日葵的种子排列、松果的模样等，也都呈现出黄金比例。

1，1，2，3，5，8，13，21，34，55，89，…

这个数列称为**斐波那契数列**。这个数列的首项和第 2 项为 1，但第 3 项以后的各项都是其前面两项之和，且相邻两项之比会无限趋近于黄金比例。如下图所示，相邻两项之比趋近于 1:1.618。

2:3 = 1:1.5
3:5 = 1:1.666…
……
34:55 = 1:1.617…
55:89 = 1:1.618…
……

此外，以这个数列的各项为半径，画通过正方形的对角的圆弧，连接起来会成为螺旋状。

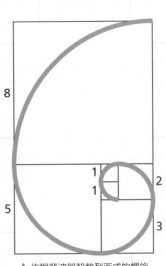

▲ 依据斐波那契数列画成的螺旋

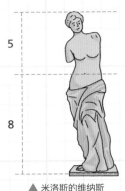

▲ 米洛斯的维纳斯

▲ 帕特农神庙

斐波那契数列

12—13 世纪的意大利数学家斐波那契将自己学到的数学知识进行整理，编成了一本书，取名为《计算之书》。在这本书中，他为了解答一道关于兔子的对数问题而使用的数列，就是后来闻名世界的斐波那契数列。这个数列在古印度的数学书中也有记载，但在欧洲，则是这本书率先介绍的。

■斐波那契数列是什么？

在《计算之书》中，斐波那契提出了下面这个问题。

> 有一对刚出生的兔子（雄和雌），这对兔子从出生 2 个月后开始，每个月可生下一对兔子（雄和雌）。假设兔子都不会死去，则 1 年后总共会有多少对兔子？

如果利用右边的表来计算，兔子的对数为

> **1, 1, 2, 3, 5, 8, 13, 21, 34, 55, 89, …**

以此不断增加，1 年后（12 个月后）总共会有 **233 对**兔子。

> ① "刚出生的兔子对数"变成下个月的"出生 1 个月的兔子对数"。
> ② "出生 1 个月的兔子对数"及"出生 2 个月以上的兔子对数"的和，变成下个月的"出生 2 个月以上的兔子对数"。
> ③ "刚出生的兔子对数"与"出生 2 个月以上的兔子对数"相等。

	刚出生的兔子对数	出生1个月的兔子对数	出生2个月以上的兔子对数	对数（合计）
0个月	1	0	0	1
1个月后	0	1	0	1
2个月后	① 1	② 0 +	1	2
3个月后	③ 1	1	1	3
4个月后	2	1	2	5
5个月后	3	2	3	8
6个月后	5	3	5	13
7个月后	8	5	8	21
8个月后	13	8	13	34
9个月后	① 21	② 13 +	21	55
10个月后	③ 34	21	34	89
11个月后	55	34	55	144
12个月后	89	55	89	233

└ 变成相等的值 ┘

● "对数（合计）"的规律

> 第3个数　1＋1＝2　……第 1 个数及第 2 个数的和
>
> 1, 1, 2, 3, 5, 8, 13, 21, 34, 55, …
>
> 第4个数　1＋2＝3　……第 2 个数及第 3 个数的和

把第 1 个数和第 2 个数加起来，等于第 3 个数；把第 2 个数和第 3 个数加起来，等于第 4 个数。这个数列的其他项也一样，把**相邻两个数相加，会等于后一个数**。这样的数列称为**斐波那契数列**。

■斐波那契数列的特征

斐波那契数列有个很明显的特征。我们来研究一下，设这个数列的第 n 项为 F_n，则相邻两项之比 $F_n : F_{n+1}$ 和黄金比例有什么关系？

$F_n : F_{n+1}$	1:1	1:2	2:3	3:5	5:8	8:13	13:21	…
$1 : \dfrac{F_{n+1}}{F_n}$	1:1	1:2	1:1.5	1:1.666…	1:1.6	1:1.625	1:1.615…	…

研究之后发现，相邻两项之比会越来越趋近于黄金比例 $1 : \dfrac{1+\sqrt{5}}{2} =$ 1:1.6180…，这真是一个令人惊讶的特征！

17 世纪的法国数学家**费马**热爱阅读公元 3 世纪的希腊数学家丢番图撰写的数学著作《算术》的拉丁语译本，并且喜欢在这本书的空白处做笔记，用拉丁语写下因受到这本书的启发而构思出来的各种定理。

到 19 世纪初期，他写在空白处的定理几乎都已经被数学家们证明，只剩下一个定理悬而未决，没有人能够证明其正确，也没有人能提出反驳。因此，这个定理被称为**费马最后定理**。

■ 费马最后定理是什么？

在《算术》一书中，丢番图提出了"一个平方数用两个平方数的和来表示"的问题。费马在这一页的空白处，写下了下列具有重大意义的笔记：

费马

将一个立方数分成两个立方数之和，或一个四次幂分成两个四次幂之和，或者一般地将一个高于二次的幂分成两个同次幂之和，这是不可能的。关于此，我确信已发现了一种美妙的证法，可惜这里空白的地方太小，写不下。

这段笔记中费马所发现的"美妙的证法"，让全世界的数学家绞尽脑汁花了好几个世纪却依然摸不着头绪。

直到 1995 年，英国数学家**安德鲁·怀尔斯**才提出完整的证明，解答了这个三百多年前的谜题。这个定理如果使用代数式来表达，则如下所示：

> **费马最后定理**
> 当正整数 $n > 2$ 时，使 $x^n + y^n = z^n$ 成立的自然数 x、y、z 的组合并不存在。（另一种说法：当正整数 $n > 2$ 时，关于 x、y、z 的不定方程 $x^n + y^n = z^n$ 没有正整数解。）

● 安德鲁·怀尔斯

安德鲁·怀尔斯是 1953 年出生的英国数学家，他 10 岁时在**埃里克·坦普尔·贝尔**所写的《最后问题》中读到费马最后定理。作者在这本书中写道："绝对找不到能使 $x^3 + y^3 = z^3$ 成立的自然数 x、y、z！$x^4 + y^4 = z^4$、$x^5 + y^5 = z^5$ 可以说也是同样的情形。三百多年来，没有一个人能够证明这个定理。"这个看似简单的定理，居然没有人能够证明。这激

安德鲁·怀尔斯

发起怀尔斯解决这个定理的决心，于是他从此迈上了学习数学的道路。

怀尔斯在大学毕业后，成为一名数学研究者，钻研**椭圆曲线**与**岩泽理论**。为了进行现实可行的研究，他放弃了证明费马最后定理的梦想。但是在 1986 年，他发现若要证明费马最后定理，只需证明**谷山—志村猜想**就行了，于是他继续研究费马最后定理的证明。1993 年 6 月，他在剑桥大学的演讲中发表了自己的证明，但同业的评审发现其中有致命的错误。他毫不气馁，继续研究，最终在 1995 年再度发表论文，提出了完整的证明。经过审查，这项证明正确无误。就这样，费马最后定理终于得到了论证。

■ 费马最后定理与勾股定理的关系

勾股定理又名毕达哥拉斯定理，其内容如下：

> **直角三角形的斜边的二次方（平方）等于其他两边的二次方（平方）的和。**

若以公式来表示该定理，就是"设直角三角形的两条直角边分别为 x、y，斜边为 z，则 $x^2+y^2=z^2$"。

勾股定理是几何学的基石，世界上几个文明古国都对其进行了广泛的研究。中国是最早发现和研究勾股定理的国家，后来古希腊数学家毕达哥拉斯也发现了这个定理，因此许多国家也将该定理称为毕达哥拉斯定理。

形容直角三角形各边关系的勾股定理，在一定程度上促进了费马最后定理的证明过程。

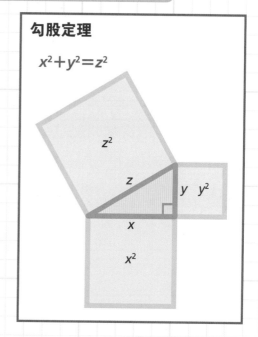

勾股定理

$$x^2+y^2=z^2$$

■ 费马最后定理获得证明的过程

安德鲁·怀尔斯在证明费马最后定理的过程中，运用了许多数学家的研究成果。诚如怀尔斯自己所说的，这个完整的证明是"20 世纪的证明"，因为构成该证明的许多要素都来自 20 世纪的数学家们的成果，当然，其中也不乏包括费马在内的 20 世纪之前众多先驱数学家的数学成果。

● **1640年**
法国数学家费马自己使用"无穷递降法"证明 $n=4$ 时定理成立。

● **1770年**
瑞士数学家欧拉证明 $n=3$ 时定理成立。

● **1823年**
法国数学家勒让德证明 $n=5$ 时定理成立。

● **1825年**
德国数学家狄利克雷证明 $n=5$ 时定理成立。

● **1839年**
法国数学家拉梅证明 $n=7$ 时定理成立。

● **1850年之前**
德国数学家库默尔使用**理想数的理论**证明 n **小于 100 的所有指数**都成立。

● **1922年**
英国数学家莫德尔提出莫德尔猜想，主张若 $x^n+y^n=z^n$ 拥有整数解（亦即费马最后定理错误），则它的解为有限个。1983 年由德国数学家法尔廷斯加以证明。

● **1955年**
日本数学家谷山丰在日本日光举行的国际数学会议中，提出"所有椭圆曲线都是模块"的问题和猜想，后来由志村五郎确立，因此称为**谷山—志村猜想**。这在后来的费马最后定理的证明中扮演重要的角色。

● **1984年**
德国数学家弗雷提出"若谷山—志村猜想正确，则费马最后定理为真"的想法，由法国数学家塞尔加以确立，称为**弗雷—塞尔猜想**。

● **1995年**
英国数学家怀尔斯完成了费马最后定理的证明。1993 年证明了**谷山—志村猜想**的正确性，因此发表了费马最后定理为真的论文，但被指出其中有误。1995 年使用**岩泽理论**修正了证明，最终完成。

索 引

索
引

G

H

J

索引

181

索 引